东方园子

周旭山　主编

江苏凤凰科学技术出版社·南京

图书在版编目（CIP）数据

东方园子 / 周旭山主编 . -- 南京 : 江苏凤凰科学技术出版社, 2024. 11. -- ISBN 978-7-5713-4697-3

Ⅰ . TU986.62

中国国家版本馆 CIP 数据核字第 2024SJ4281 号

东方园子

主　　编　周旭山
项目策划　段建姣　艾思奇
责任编辑　赵　研
责任设计编辑　蒋佳佳
特约编辑　艾思奇

出版发行　江苏凤凰科学技术出版社
出版社地址　南京市湖南路 1 号 A 楼，邮编：210009
出版社网址　http：//www.pspress.cn
总 经 销　天津凤凰空间文化传媒有限公司
总经销网址　http：//www.ifengspace.cn
印　　刷　天津裕同印刷有限公司

开　　本　889 mm × 1194 mm　1/16
印　　张　14
插　　页　4
字　　数　179 000
版　　次　2024 年 11 月第 1 版
印　　次　2024 年 11 月第 1 次印刷

标准书号　ISBN　978-7-5713-4697-3
定　　价　288.00 元（精）

目录

自然东方

现代东方

CONTENTS

禅意东方

古典东方

峡谷森林

臻园

草海公园

自然东方

玖珑湾

吾山

山悦

秘谷森林

项目地点：重庆市
用地面积：约 13 000 m^2
施工周期：3 个月
设计公司：承迹景观
摄　　影：E-arxTARS、Holi 河狸 - 景观摄影

秘谷森林

项目概况

项目位于重庆市中央公园北侧，整个地块用原山地被分隔环抱，围绕着鸽子沟水库呈向心布置。群山环绕、湖泊相邻，带着重庆地形特有的高低起伏，犹如城市中天然隔世的“都市桃花源”。

项目分为引入的公园部分和生活的住区部分，设计师希望用延绵的自然景色环绕生活空间。但前期水利工程的推进给这片原始的山谷造成了损伤，因此需要进行土地修复、绿色再生、空间重塑，还原周边资源。

公园部分长约 1 500 m，宽约 40 m，呈狭长带状，顺着 5 m 高差的地形通向湖心，是未来两个组团住区间的公共绿廊。设计师打造了新的地形来延续山势，给人“到达—探寻—停留—眺望”的丰富体验，高差也能消融在其中；并且，“邀请”自然的“精灵”回家，在这里自由生长，形成城市之中的秘谷公园。

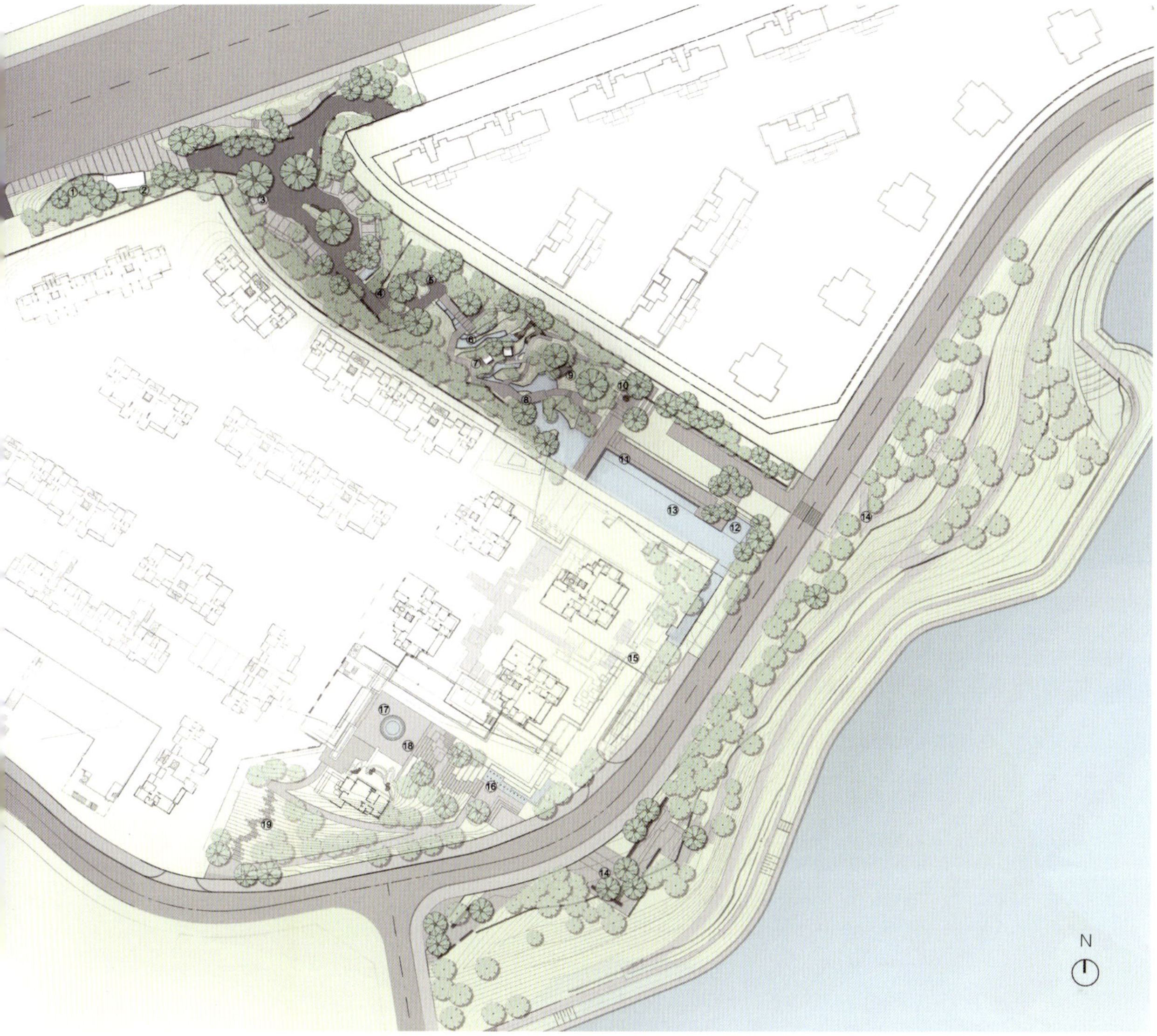

1 logo
2 驿站
3 林隐车岛
4 山门
5 幽林步道
6 山涧溪谷
7 山居亭
8 浮桥叠水
9 邻水台
10 涧
11 滩
12 泉
13 无边镜池
14 滨湖阳台
15 私享后花园
16 入口水轴
17 入口广场
18 观湖山平台
19 艺术公园

总平面图

遁入丛林

成群的杉木林成了公园的门户，它也是示范区，连接椿萱大道的北入口。上千块重庆本地石材用搭积木的方式搭建出了入口的几道景墙，在厚重与轻巧、凸显与遮掩之间取得平衡，给人奇妙的空间感受。杉林下，石墙转折之处设有一处玻璃建筑，这里用作公共驿站，等车或避雨的行人可以在这里小憩片刻。

此区域移种了几棵具有重庆印记的黄葛树，停车场散布于大树之下。穿过停车场便可到达“山门”，这里是用两道精致的金属景墙夹合出来的一个小口。穿过山门，空间向下延伸，便可进入山谷秘境中探寻。

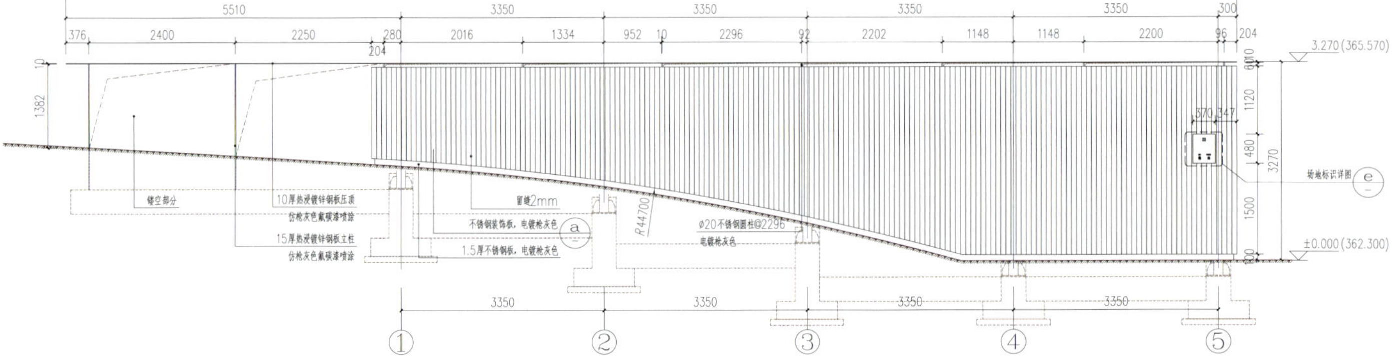

山门入口景墙立面图

注：本书图中所标注尺寸单位均为毫米（mm）。

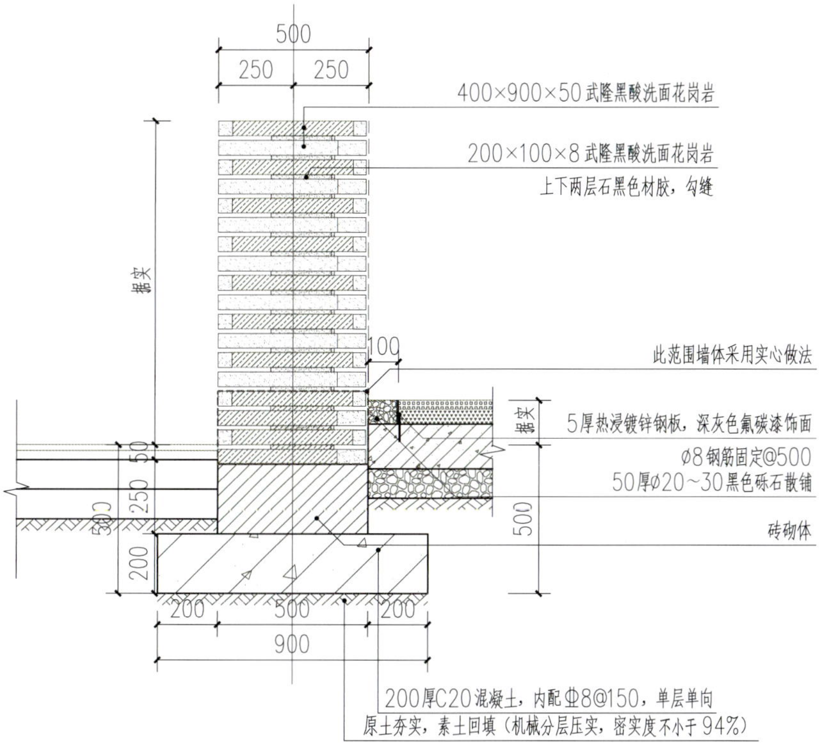

入口景墙交接沥青路面做法

溪与畔

山谷夹合之下，流水层层跌落。重庆多山雨，这块区域会将雨水收集过滤，最终汇入谷底湖中。林间道路踏水而过，纵横交织，水也随着地形自由流动。苔藓和杂木悄然爬上每一寸土壤，飞蓬花漫过原定的边界，展现出蓬勃的生命力。

傍水而行，两栋纯净的白色小屋藏在溪间，这是设计师打造的公园休憩场所，也是未来围湖生活的指引区域。闲坐屋内，随时间缓流，看疏影变幻。小屋敞开下窗，让人把视线聚焦于地上的绿意。

材料与植物

朴实的石材和湿润的木料都取自山中，常见的自然材料往往更令人亲近，经过简单的挑选和打磨之后亦可有精致的表达。在植物的选择上，用铺地柏、飞蓬、木麻黄、迷迭香、云杉、红豆杉、菖蒲等丰富的品种来呼应林间的多重绿色，呈现颇具生命力的状态。这里是自然的疗愈场，更是探索自然之美的绝佳之地。

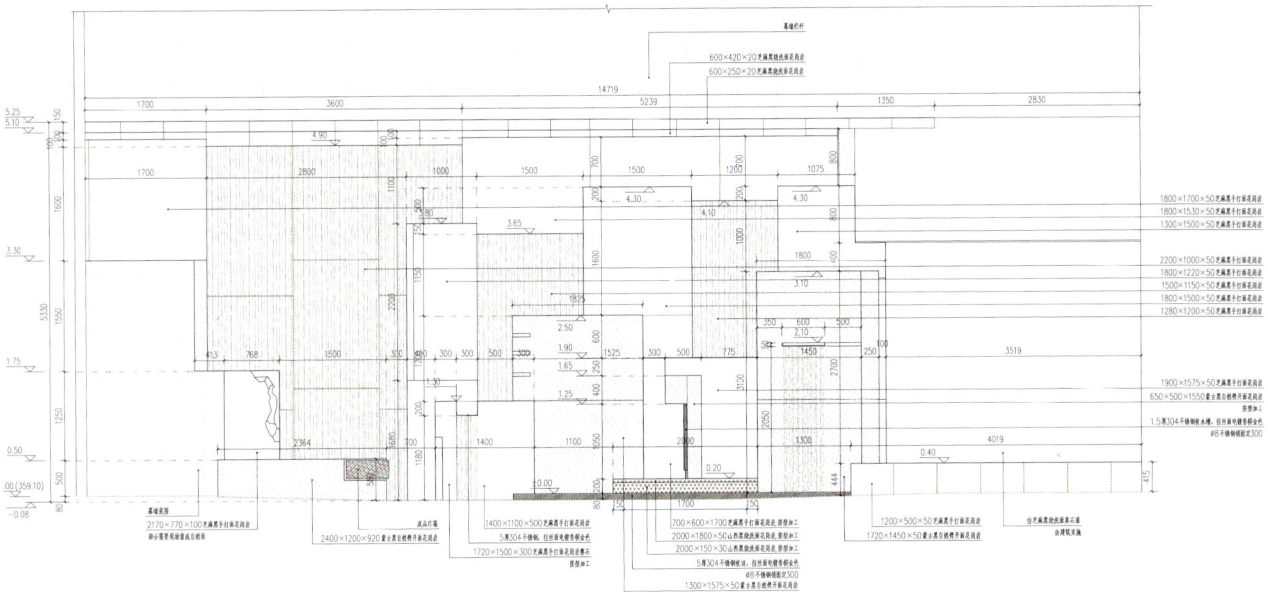

石瀑立面图

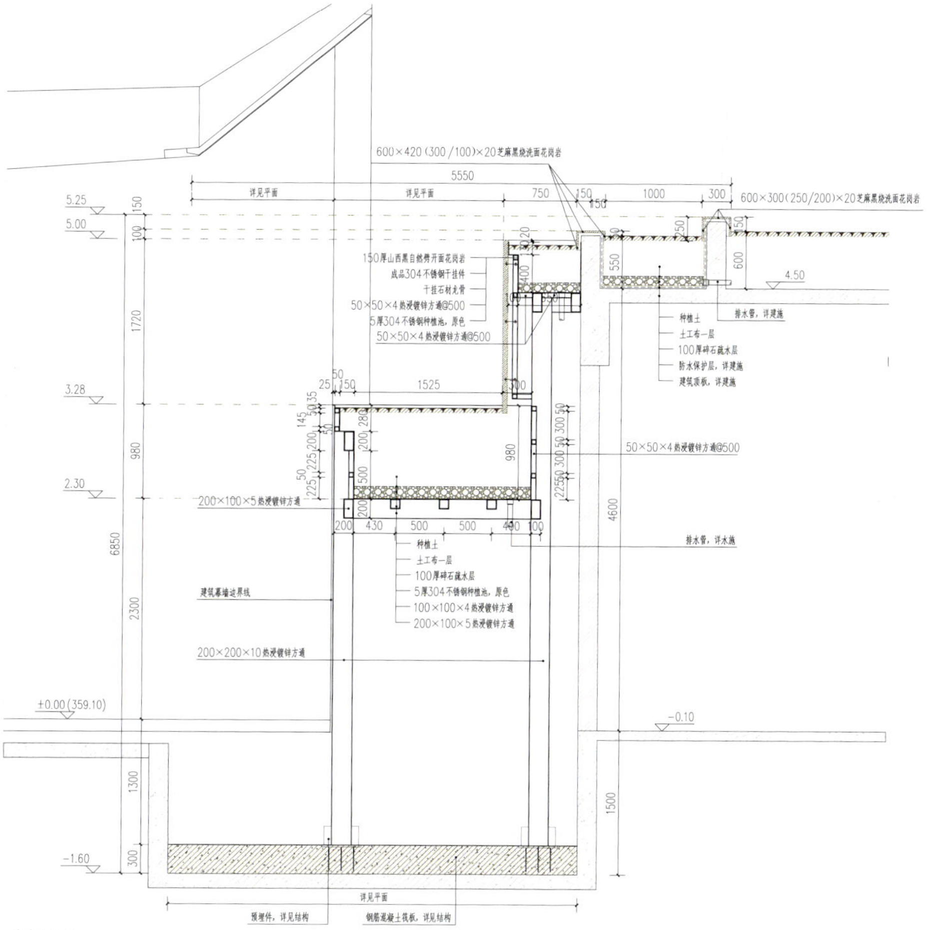
600×420（300/100）×20芝麻黑烧洗面花岗岩
5550
详见平面
750
150
150
1000
300
600×300（250/200）×20芝麻黑烧洗面花岗岩
5.25
5.00
150
100
150厚山西黑自然劈开面花岗岩
成品304不锈钢干挂件
干挂石材龙骨
50×50×4热浸镀锌方通@500
5厚304不锈钢种植池，原色
50×50×4热浸镀锌方通@500
550
600
4.50
种植土
土工布一层
100厚碎石疏水层
防水保护层，详建施
建筑顶板，详建施
排水管，详建施
1720
3.28
25
150
1525
980
2.30
50×50×4热浸镀锌方通@500
200×100×5热浸镀锌方通
200
430
500
500
400
100
4600
排水管，详水施
种植土
土工布一层
100厚碎石疏水层
5厚304不锈钢种植池，原色
100×100×4热浸镀锌方通
200×100×5热浸镀锌方通
6850
2300
建筑幕墙边界线
200×200×10热浸镀锌方通
±0.00（359.10）
−0.10
1300
1500
−1.60
300
详见平面
预埋件，详见结构
钢筋混凝土筏板，详见结构

石瀑剖面图

项目地点： 河南省郑州市
用地面积： 25 792 m^2
施工周期： 4 个月
设计公司： 太璞景观（Topo design group）
施工图设计： 重庆道合园林景观规划设计有限公司
摄　　影： 日野摄影

山悦

项目概况

项目位于郑州市郊区太行山余脉的黄土丘陵区。场地高差较大，周边植被茂密，保留了大量的原始森林，自然环境优越，自然资源丰富，景观宜人，为设计提供了充足的基础条件及灵感来源。场地内有多个具有河南传统文化的窑洞，这种荒芜、原始且自然的力量，将太行山的经脉肌理勾勒得清晰可见。

黄土、石墙、窑洞、挂满果实的柿子树、院里散落的瓦缸与石磨，构成了人们对黄土地区民居的所有印象。如何将这些元素和现代生活相结合，从而连接过去与未来，兼顾传统与创新，加深人们对黄土地区的情感，这是设计者在设计之初不断思考的问题。

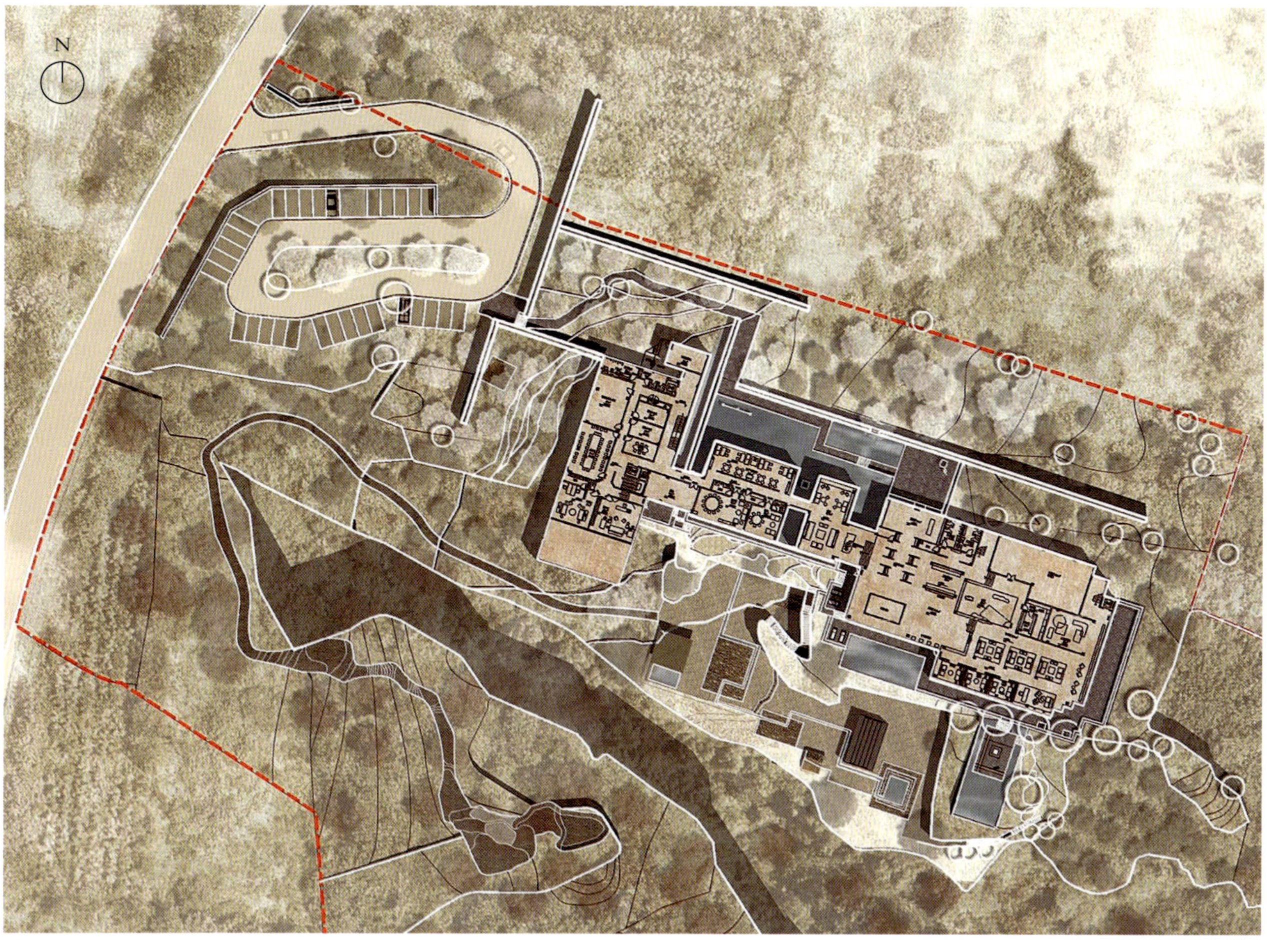

总平面图

窑洞

设计最大限度地保留了场地内的窑洞。窑洞内壁采用轻设计的方式进行饰面处理，保留其本身的质感。铺装石料采用传统手凿面，并进行手工拼叠。窑洞内部选用整块米黄色洞石做座椅与喷泉，水缓慢地从窑洞深处流淌出来，流进窑洞外的水渠里，贯穿洞内外，为整个场所增添生命力。

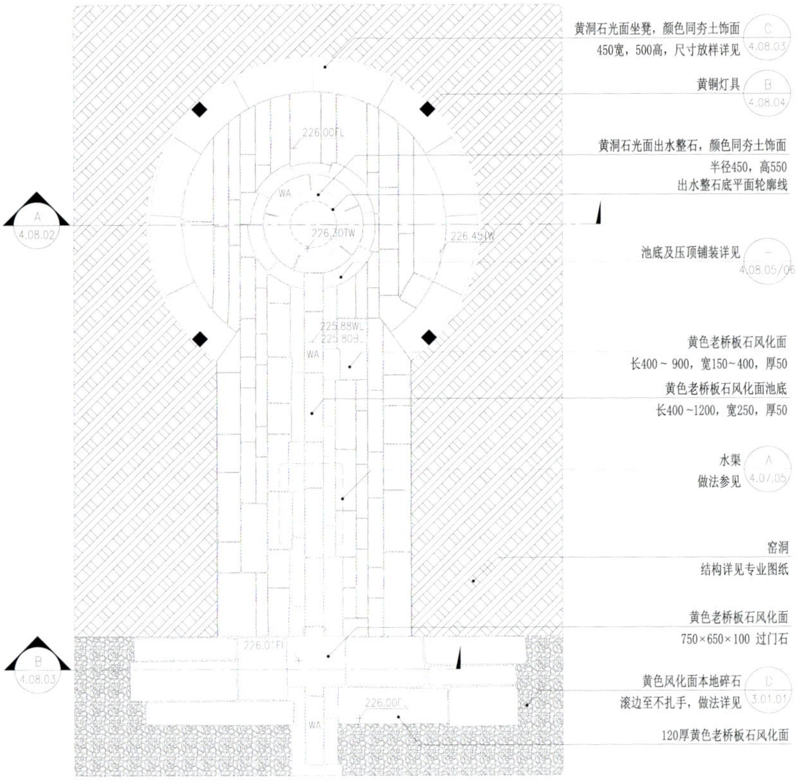

涌泉物料索引及竖向平面图

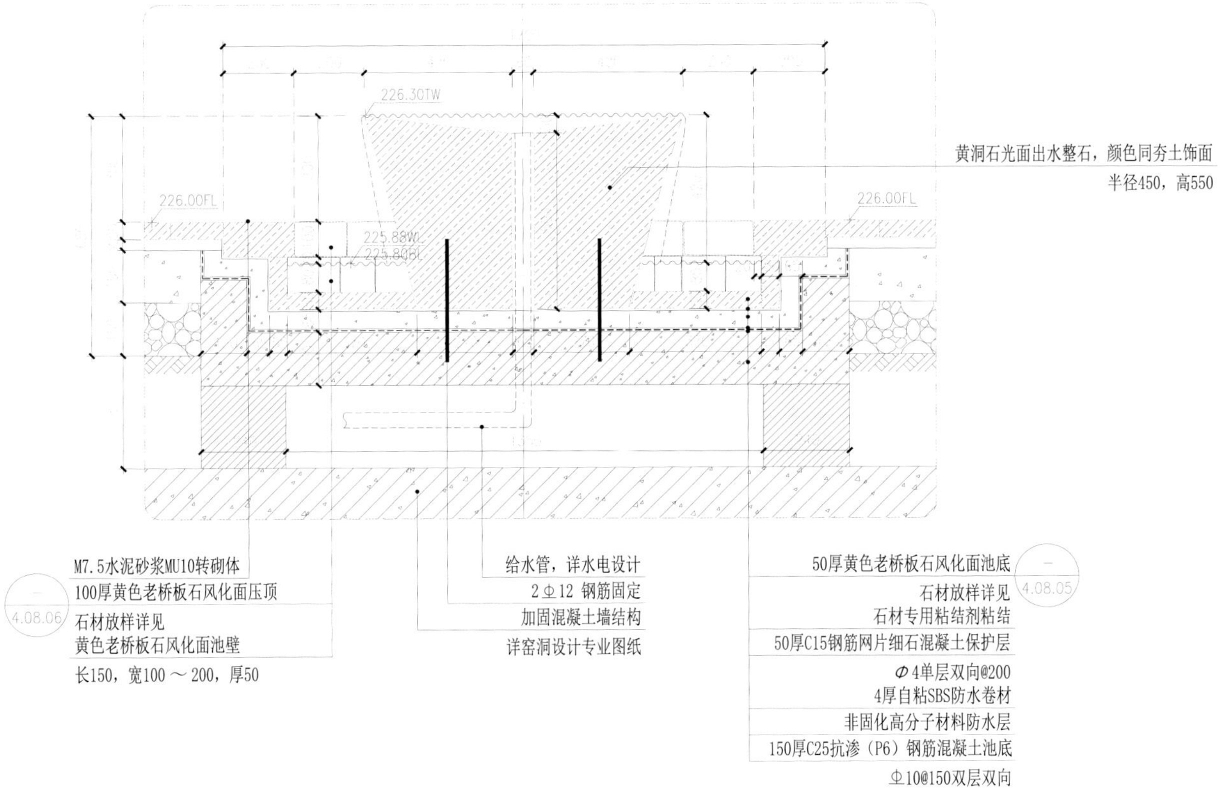

涌泉出水整石剖面详图

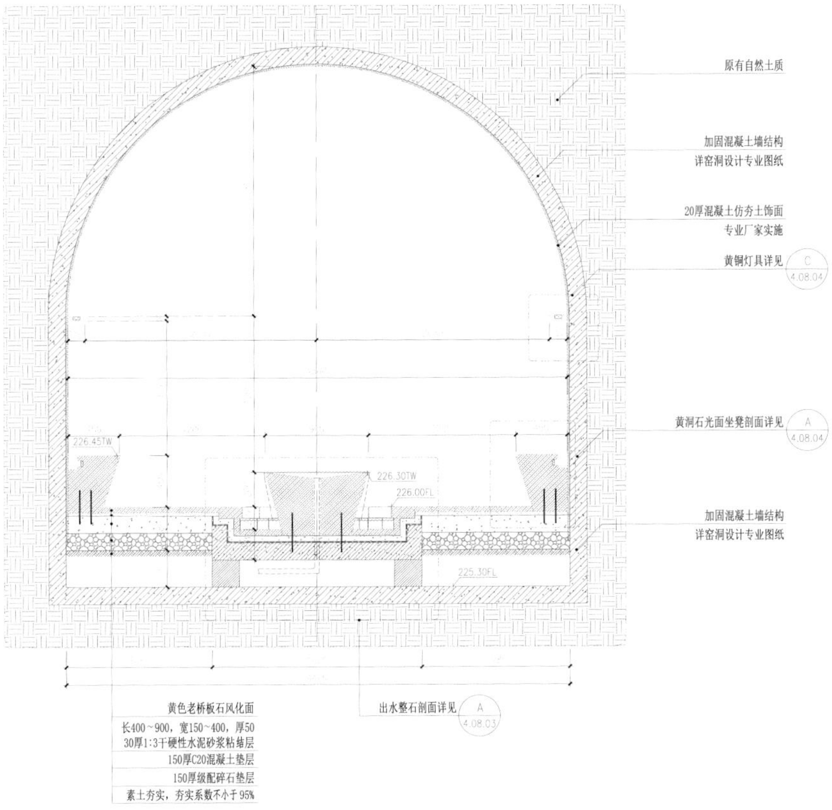

涌泉剖面图

夯土景墙

入口处参照传统夯土墙的制作手法，运用当地黄土、红黏土施以现代工艺制作出富有大地肌理的质朴景墙。传统夯土墙具有泥土的质感和肌理，但可塑性及承重性较差。经过对材料、工艺的仔细考量，最终确定用混凝土结构做夯土景墙的基础，用钢结构固定，表层混合红黏土和黄土，再打磨，最终呈现出厚重朴实的景墙效果。

在景墙围合的深处，设置了一个参考传统篆书元素设计而成的水中雕塑，形成视觉焦点。

茶亭

习茶是当代人将茶事美学与禅意慢生活联结的一种生活方式。在空旷的场所中设计一座茶亭，它便成为该场所的视觉焦点。

为了营造光影效果，茶亭采用双层木格栅作为外墙面。四面墙体均带不同花纹，可以透出四种不同的光影。夜幕降临后茶亭里发出的光，或是水面隐映出茶亭的光影，展现光线变幻的精妙，显得生动有趣。

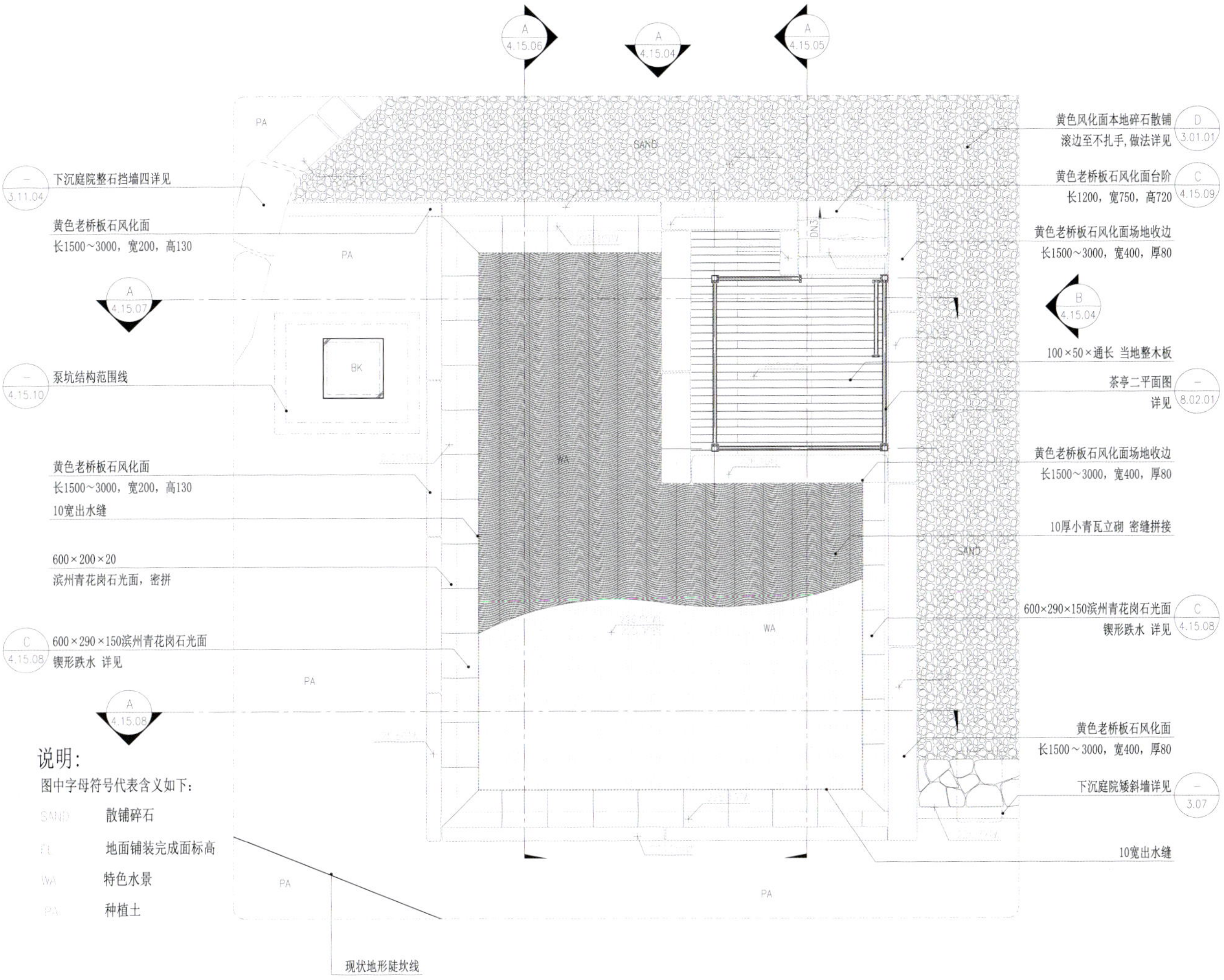

茶亭水景物料索引及竖向平面图

天井

修建天井与 4 棵柿子树有关。几十年的光阴里，它们的根深深扎进土地，这里就是它们的家。本着对自然的尊重，设计中原地保留了这 4 棵柿子树。为此，前期设计及后期落地可谓煞费苦心。团队反复斟酌，最终通过修建天井，让它们仍旧安然地生活在这片土地上。

就地取材

设计中最大限度地保留地形地貌，利用地块本身的高差设计出符合场所气质的景观。当地石材风化面拼叠的景观池、8 m 高差的山壁、裸露的黄土配以钢板扶梯，形成空间感、质感的强烈对比，既奠定了项目厚重质朴的基调，也增添了无限的野趣。

项目地点： 江苏省徐州市
用地面积： 15 000 m^2
施工周期： 1 年
设计公司： 承迹景观
摄　　影： E-arxTARS

吾山

契机

近些年，北方的城市居住景观设计往往有一些相似的影子。由于季节因素对植物效果的即时影响，设计师们转而把景观的关注重点放在人工装饰和奢华体验感的营造上。这种做法却往往让人与自然的关系更加疏远，也是对北方人文生活的定义偏差。因此，设计师一直在探索北方城市自然主义的景观实践。

本案拟在徐州市的城市腹地营造一处山之居所。之所以强调山的存在，是因为对于一个北方典型的平原城市而言，用地周边围绕的 5 座山峰与平坦的用地形成了鲜明对比。多次来到这里的人习惯叫它“吾山”。

得益于周边原始存在的山景，设计任务从始至终都有清晰的目标——营造一处北方城市的“自然山居”。营造松弛而惬意，脱离于人工仪式感和繁杂装饰，可以在这里遁入山林的氛围。

伏幽谷

既然在山里，人们进入其中就不能太直接，总归是要怀以敬意地探寻一番的。顺应山势起伏，让行人在游览中上上下下、进进出出，游走间感受平原城市的非日常体验。

“凌青山，伏幽谷”是这里制定的游山策略。借了自然的光，山势本就存在，游人的到来让山势更加亲切。入山的谦卑、伏谷的折隐，都是试图建立一个与山对话的小系统，让空间尺度更为宜人。

本案规划对进山之处有明确的限制。尊重客观条件，小尺度空间也可以顺势成为“山门”，营建一个因山就势的秘境入口。行人所需的通行路径和休憩平台都控制到最小尺度，并让它“漂浮”起来，强调山势的围合。空间感知向下亲近崖石溪涧，向上延伸至挺拔的杉林，步行其中可以触摸到水、木、石、土……

回车广场

为满足行车需求，在绿林包裹中设置了一处小尺度广场。广场围绕直径为 7 m 的圆盘实现回车功能，将车流回转分散，减少对自然的影响。景观设计抛开繁杂的元素，为了呈现自然的山石水景而留白。圆盘里有另一个“小世界”，重峦为屏、水映山色。原山石的大块整料有一处破角，移植一株山口大树与石相契，枝繁叶茂，掩映遮蔽着整个场域。

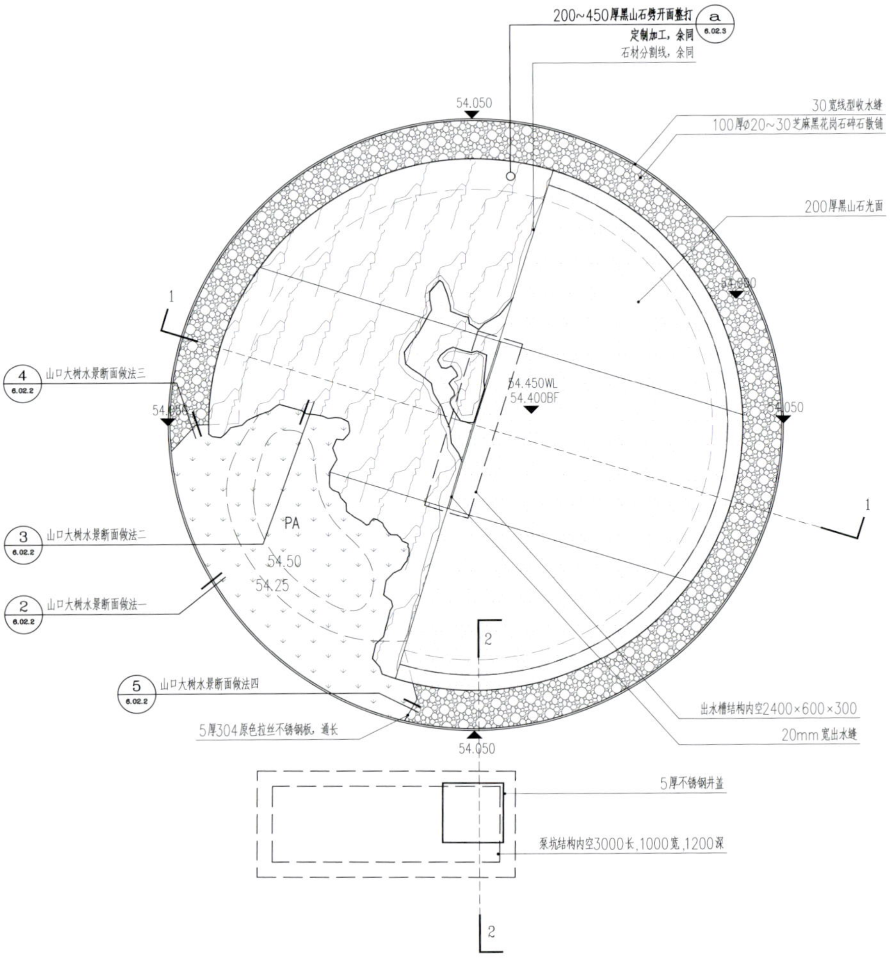

山口大树水景平面图

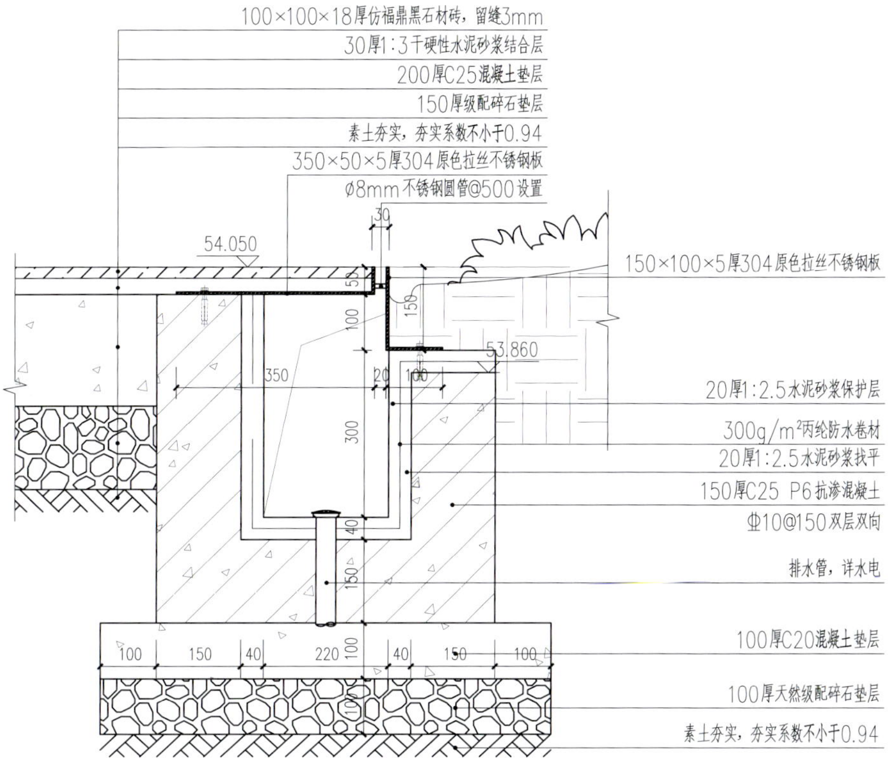

山口大树水景断面图

游山

山势转折间，游山步道进入凹谷，这里被营造成静谧的“北方园子”。有别于丰茂繁盛的南方园子的景致，当风从透气的桦林间拂过，上层桦影随之摇曳在山中，下层的山野小叶又从石缝中窜出，长满了荒石垒成的溪谷，这幅生机勃勃的北方园景别有一番雅致。

伏于幽谷探索一番后，到达叠瀑高落的地方。从低势逐溪到拾级高攀，山的高耸再次示意于脑中，访溪而上有了回应。伴随着水声的从微至势，水汽渐浓渐润。水与木的光影交织纯净而温暖，为山居增添一抹神秘的色彩。

凌青山

流水建筑的顶层视线开阔，是凌于高处与远近青山对话的最佳场所。不止于远眺，访客还可以近探到一处历史留存的石灰窑，它神秘伫立于此，诉说着山的故事。时间赋予石灰窑天然的能量场，浑厚感是给人最直接的感受。在建筑与石灰窑之间设置了一个室外茶室，顺势而成，凌于山间。它是建筑向室外的延展，也是石灰窑与建筑的连接。除此之外，山顶景观尽可能减少人工干预，静谧地与自然对话是这个场域的永恒主题。

山中的房子

营造山中的房子是景观与建筑从始至终的共识。利用高差关系，让山之景观游走于建筑与室内之间，建立一种融于场地内与山无界的生活体验。设计师让天井、窗外、阳台、屋间都生长出了自然绿色，光影透过绿色又折射给建筑以灵动，形成一种自然循环与共生。

“风的屋檐”通过极薄的屋顶与细柱搭配，形成一个轻盈的结构，呈现出一种恰到好处的山居美感。“光之连廊”作为空中动线，通过厚重的石材与极薄的木头强烈对撞，凌空一侧释放视线，把山景融入空间之中。

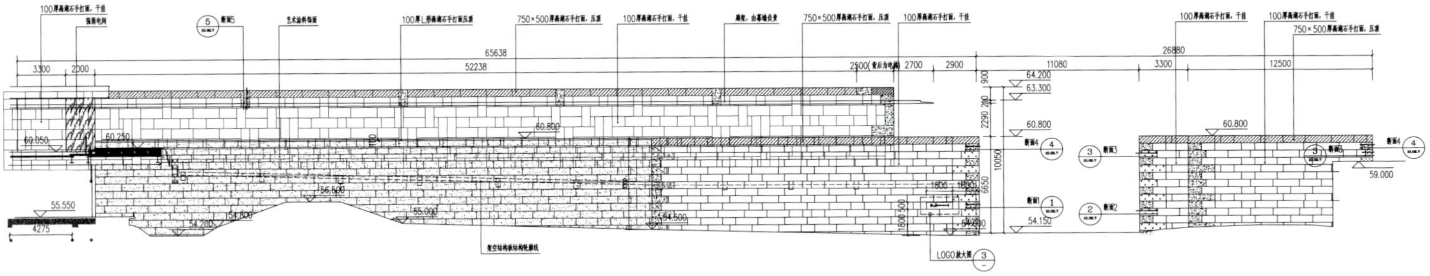

连廊区域正立面图

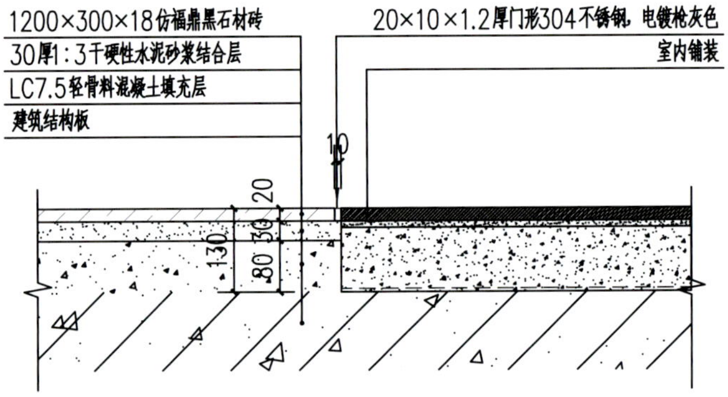

景观铺地与室内铺地交接大样

探索的惊喜

喜欢研究空间与自然的关系，是因为自然能带来很多意料之外的惊喜。起初，建设中显现的几处自然石壁差点被现场工人平场挖掉。后来，被视为“宝藏”保留下来，顺势打造成石壁山门和石溪平台。还有石灰窑下的土石基座，也保留了自然的肌理，呈现出一份独有的天工之美。虽然没有提前规划，但这种跟随意外的顺势而为，也是设计的一种恰到好处。

山感的营造

山居本来就是要“身在此山中”，只有顺山势而为进行场所地形建造，才能造就“凌青山，伏幽谷”的意境。山林间重点区域内的石头都是从附近山中所“借”，徐州多坚石，也被称为千年石城。原生的拙朴之石搭配现代的匠艺，于场地不经意间重生，建立微观上的情感连接与地域归属。

但设计师与自然还需磨合，由于建筑平场和地库修建等因素，原始的山林树种无法保留下来，这是一个萦绕许久的遗憾。邀请山中的伙伴们回家成为设计师弥补吾山的方式，直立挺拔的杉树林与河桦林撑起山的气势，裸露的山体斑块被织补成岩石地，湿润的苔藓也蔓上了溪边小径，这些伙伴都将成为吾山的一部分，扎根于此，静待万物生长。

玖珑湾

项目地点：浙江省宁波市

用地面积：约 20 000 m^2

建成时间：2022 年

设计公司：承迹景观

摄　　影：王宁

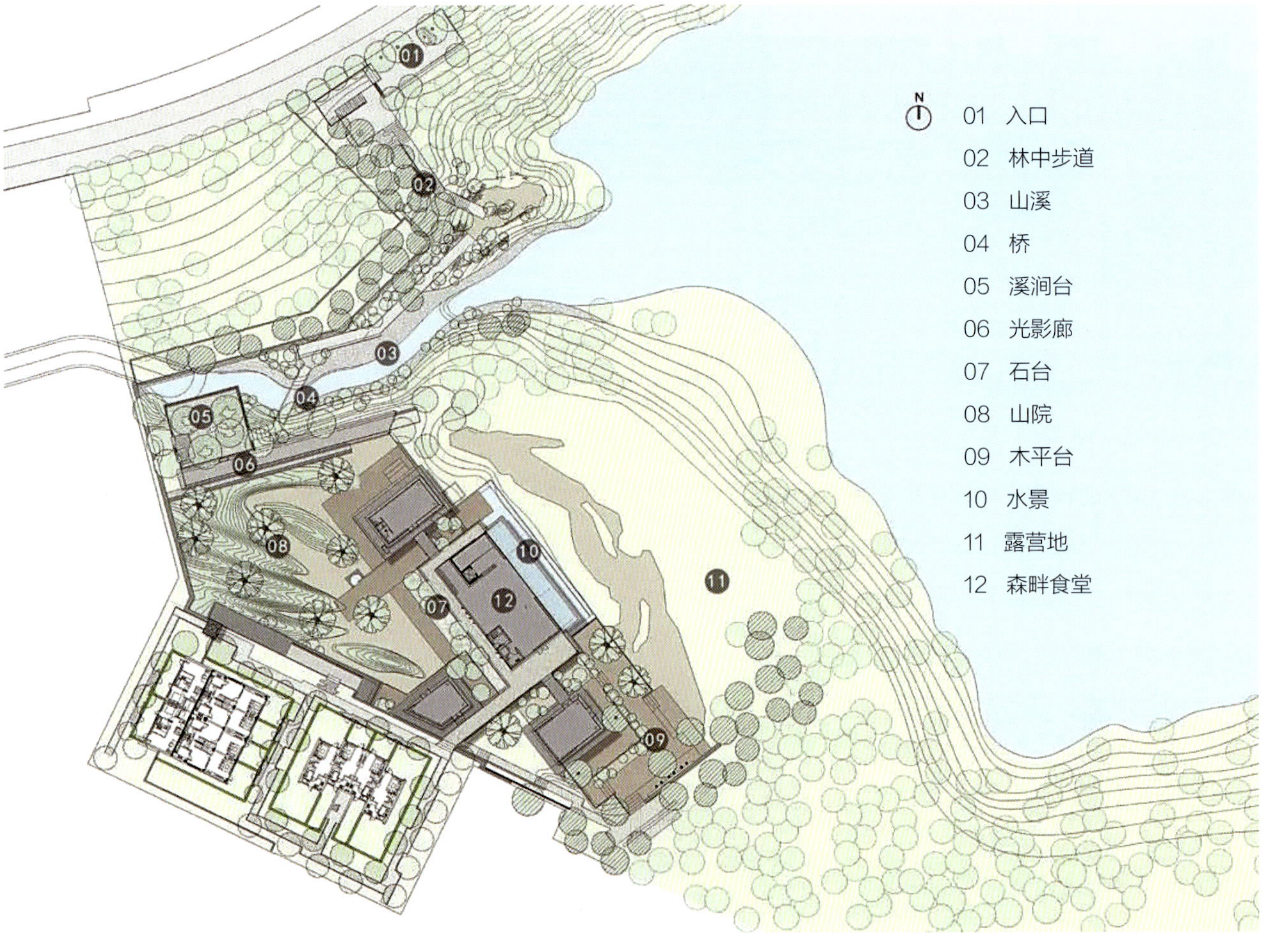

总平面图

项目概况

漫步湖边，天际线上不是一望无际的湖面，而是眼中可见起伏的小山峦。在这里，人被自然笼罩，近处的湖与山则显得更亲切。项目设计中进行了多次踏勘，设计师感受了场地的冉冉日出、夕阳余晖和季节更迭，对这片土地更加敬畏，因此，希望以最小干预的姿态介入这片土地，尽量减少人工的痕迹，将自然完整保留，在当下城市高速发展的大环境中，将这一片令人心安的庇护之地留给湖水与山林。

村落有机体

项目规划初期，景观设计师就开始介入，通过与建筑师探讨，提出了“生长于此的完整村落有机体”的设计愿景，设计尝试将楼栋三五成群地拆分为自由群落，并打散原有布局，在由原始山脉延绵至湖边的自然结构上建立多条小镇风景动线，将建设指标分解并置入原始山林之内。

森畔食堂

作为未来湾区生活配套的一部分，森畔食堂完全对外开放。“食堂”作为访客来到小镇的第一个站点，在满足口腹之欲的同时，也会成为来访者的起点或接待之所。它连接北岛山林和通往南湾湖岸的路径，是整个景区的一个公共驿站。

在森畔食堂的流线与布局思考上，设计师推翻了建造大体量建筑的设想，因为这片湖湾并不需要大的钢筋混凝土盒子。设计尽可能地将功能拆散于多个小尺度构筑物之中，并尽量压低建筑高度，低姿态融入原始湖景之中。尽管场地的建筑群是分散的，但通过流畅的游览路线，有效串联了多座独立构筑物，并利用不同标高错落设计，使每一个角落都富有自身的空间特征，同时提供完整的自然村落漫游体验。

藏在林中的村落入口

借用规划的市政道路开口形成村落的一处入口，可永久保留使用。设计保留并利用了原始生长的大香樟林，于此架设了一个可以俯瞰下部村落的小型平台，以最低程度的破坏完成了入口所需的功能与尺度。

顺着台阶，顺势进入下部的小树林，视线更加开阔。穿过一侧人工补栽的杂木林，可见远处湖面泛起的粼光。

山溪

场地中有一条沿山而下的溪流，水量随季节变化。溪水的沉淀与净化需要以一种自然且原始的方式去呈现。设计模拟自然石块的滚落状态，形成了此处最具特征的风貌景观。同时，跨越溪流也暗示着进入了村落的“领地”。

设计师与施工团队寻找了一种当地的青苔，它可以附着在石壁上，种植于大石壁挡墙的沟缝当中。场地内的原生香樟成了场地最有特征与精神的象征。

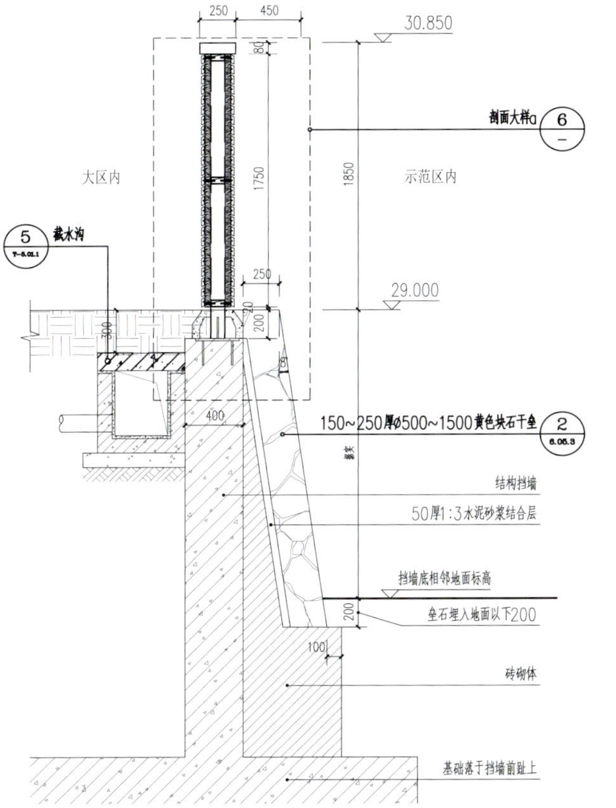

挡墙上围墙标准段断面图

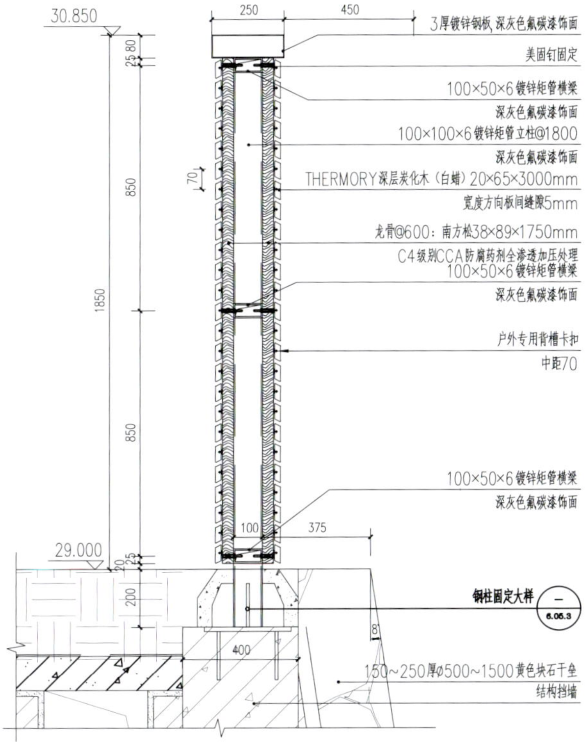

围墙标准段剖面大样图

写意的自然

进村路上，由高到低的石墙成了控制光线与视野的变量，让游客在建筑物出现之前把风景刻进眼里，村落的面容也在漫步中缓缓呈现。

廊后的中心庭院被高挡墙切割，我们希望自然与山脉精神依然在这里得到延续，于是遵循山体的延伸方向，在庭院核心处精心放置了几座地形山丘，像是被水流冲散成了几座岛屿。从特定的角度或远处高空来看，庭院里的景色能呈现远山向下延绵的状态。

庭院里还有一条细长的人工水道，从主建筑的前方回转至核心庭院，从中刻意切开了几个建筑体与之联系，最终消失在庭院的水盘内。水盘内设收水孔，于特定的水位线完成溢水。

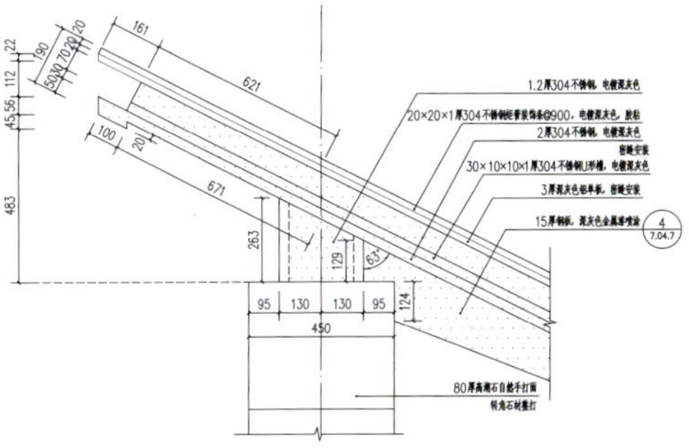

廊架节点详图

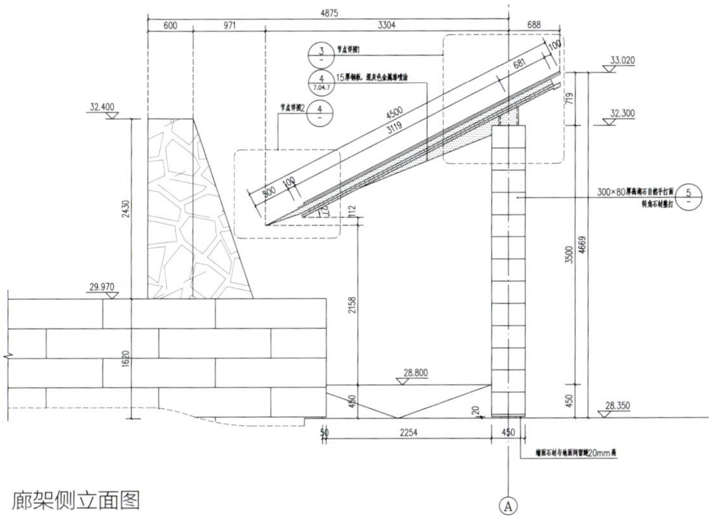

廊架侧立面图

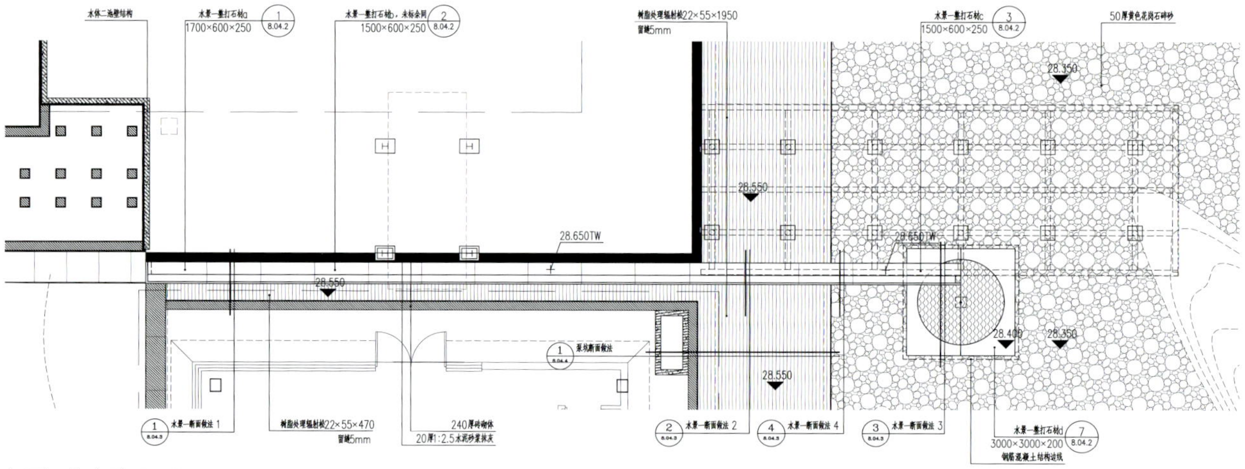

水景标高索引平面图

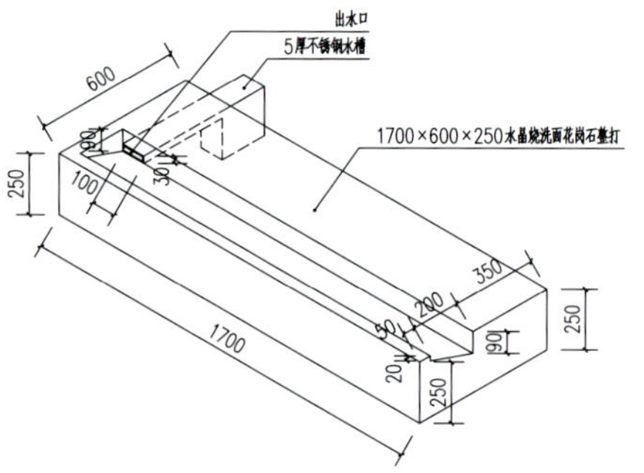

水景一整打石材 a 透视图

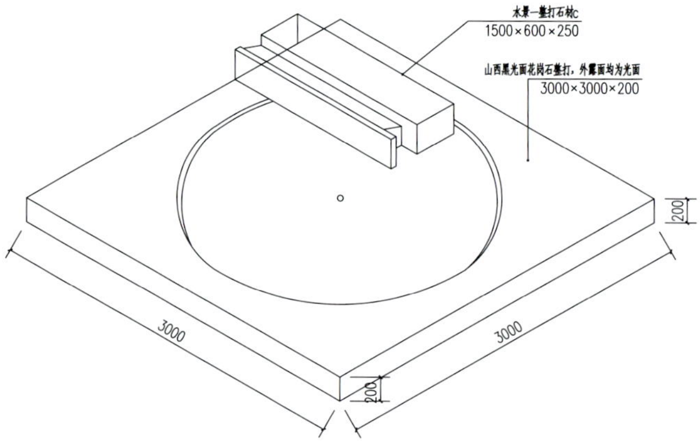

水景一整打石材 d 透视图

材料与细节

在这片山湖之地，设计师一直在探索如何将生活融入自然，无论是在生活方式还是在材料与建造上。采用当地石材，把它自然厚重的状态用特别的匠艺方式呈现，以此来连接原始的部分，建筑也坐落在此厚重的基底之上。而在有人日常活动的地方，叠加了轻盈的木质材料，如建筑立面和地面的装饰等。

种植设计

尝试用原生树林里的小苗作为介质，把自然拉到触手可及的空间。挡墙前的岩石花境、木平台间的迷迭香、溪缝中生长的大麻叶泽兰等植株轻盈摇曳的枝叶柔化了硬质道路、墙体和山溪，自然斑块式的种植方式，给植物的生长繁衍预留了空间，剩下的惊喜就只需要留给时间。如今，这些场景里的“新居民”在这里生根发芽、自然生长，它们和山林、湖泊一起成就了更美好的自然。

峡谷森林

项目地点：重庆市
用地面积：约 30 000 m^2
施工周期：1 年
设计公司：承迹景观
摄　　影：王　宁、Holi 河狸－景观摄影

总平面图

项目概况

“峡谷森林”是城市中难得的原始自然河流区域内被重新定义和塑造的载体，它把人们的生活交织在这片崭新而又原始的自然之中，重塑和自然之间感受空间、时间、人文，以及更高维度的精神思考。

1　异型玻璃房子
2　停车场
3　自然峡谷
4　艺术展厅入口
5　艺术展厅
6　预留水闸
7　栈道
8　楼梯
9　住宅
10　诗意庭院
11　飞雪瀑布

重塑的自然

峡谷森林里有 30 000 m² 城市公共开放空间作为重庆文旅城滨河公园的初期建设，还有 50 000 m² 居住区用地融入自然的山林峡谷之中。在公园河谷西侧，有一条为铺设城市管网而挖的 8 m 深沟壑，它像大地上一条深深的伤痕，撕裂了城市与天然河谷间的联系。

人与自然的理想关系应该是相互作用、和谐共存。鸟瞰整个场地，前期施工形成的这条沟壑是不得不接受的存在，在这巨大的伤痕面前，设计师决定为自然发声。

“巧于因借，精在体宜”，设计不再破坏场地现有基底，而是顺应沟壑的深度和走向，重塑一条河谷之畔的自然峡谷。

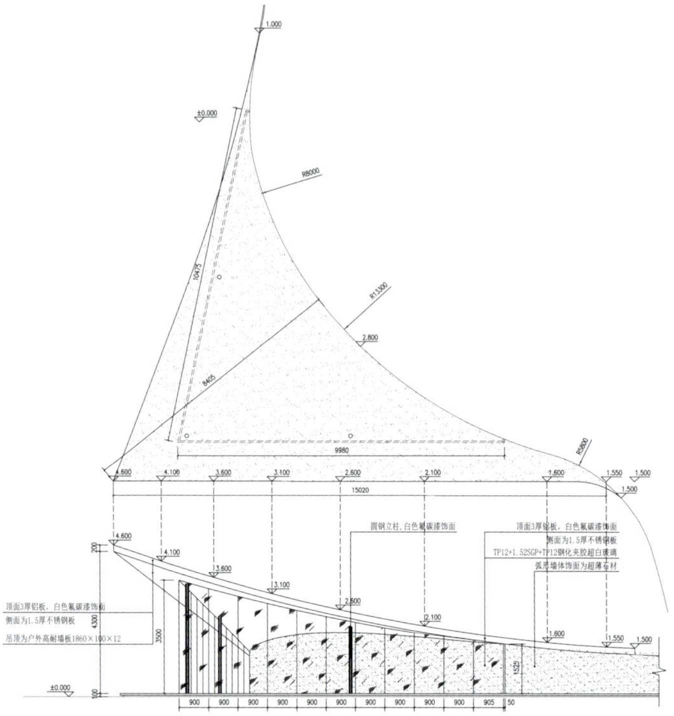

入口玻璃房子立面图

追寻的情感

峡谷尽头恰好与飞雪瀑布平行，不见其影，但闻其声。对自然山水的寻觅之心促使人们在这里对其进行回应，可以称之为“自然的再现”。艺术装置将水从自然中提取出来，展现出比自然状态更加唯美的形态，传达出理想主义者对自然山水的追寻、观照。

峡谷消失在一片石滩上，而追寻的自然之音又指向一座藏于林间的洞穴。作为公园承上启下的功能节点，它既是未来周边居住者举行集会、艺术展览的中心，也是静思之所、追忆之地。洞穴是对场地最为温和、谦逊的介入途径，它隐匿在绿意之下，内在气氛神秘且微妙，身处其中，人们对未知的好奇心、想象力被无限放大。

洞穴的出口被巧妙地设置在瀑布的最佳观赏点。在经历瀑布之音、艺术之水、洞穴狭道之后，自然的瀑布赫然呈现在眼前，带给人梦境般的游览体验。一条轻盈的栈道消隐于山崖，成为自然景观的一部分。

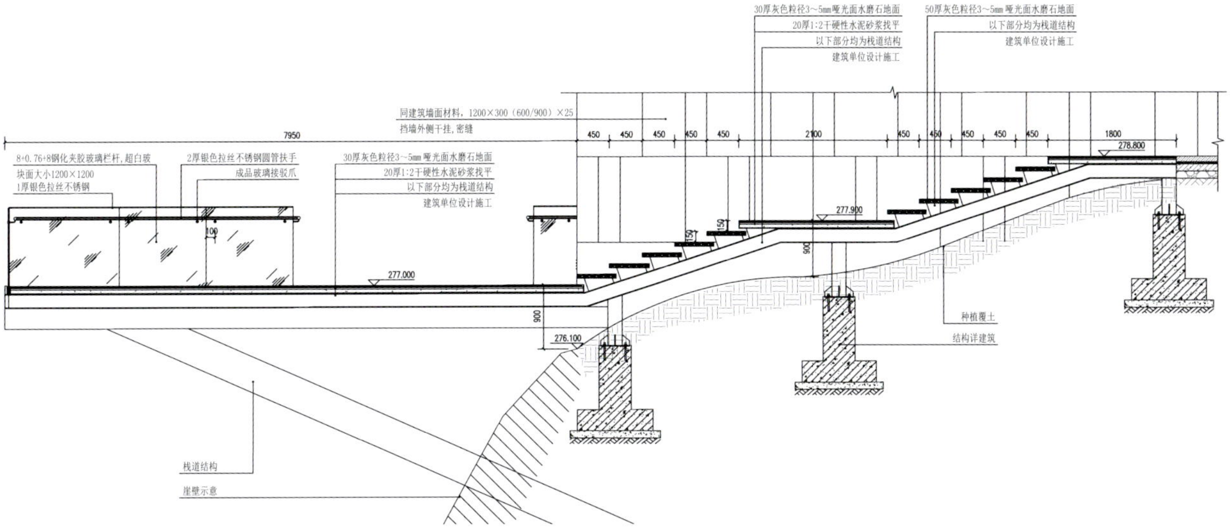
30厚灰色粒径3～5mm哑光面水磨石地面
20厚1:2干硬性水泥砂浆找平
以下部分均为栈道结构
建筑单位设计施工
50厚灰色粒径3～5mm哑光面水磨石地面
以下部分均为栈道结构
建筑单位设计施工
同建筑墙面材料，1200×300（600/900）×25
挡墙外侧干挂，密缝
7950
450
450
450
450
450
2100
450
450
450
450
450
1800
278.800
8+0.76+8钢化夹胶玻璃栏杆，超白玻
块面大小1200×1200
1厚银色拉丝不锈钢
2厚银色拉丝不锈钢圆管扶手
成品玻璃接驳爪
30厚灰色粒径3～5mm哑光面水磨石地面
20厚1:2干硬性水泥砂浆找平
以下部分均为栈道结构
建筑单位设计施工
100
150
150
277.900
277.000
900
900
276.100
种植覆土
结构详建筑
栈道结构
崖壁示意

栈道剖面图

回归生活

崖壁在转折处夹合成“一线天”的空间，正好成为连接公园的开口。沿此处台阶而上，一片简约风格的现代建筑群掩映在小树林后面。建筑金属与玻璃的体块光影交错，倒映在眼前的一湾湖水之中。

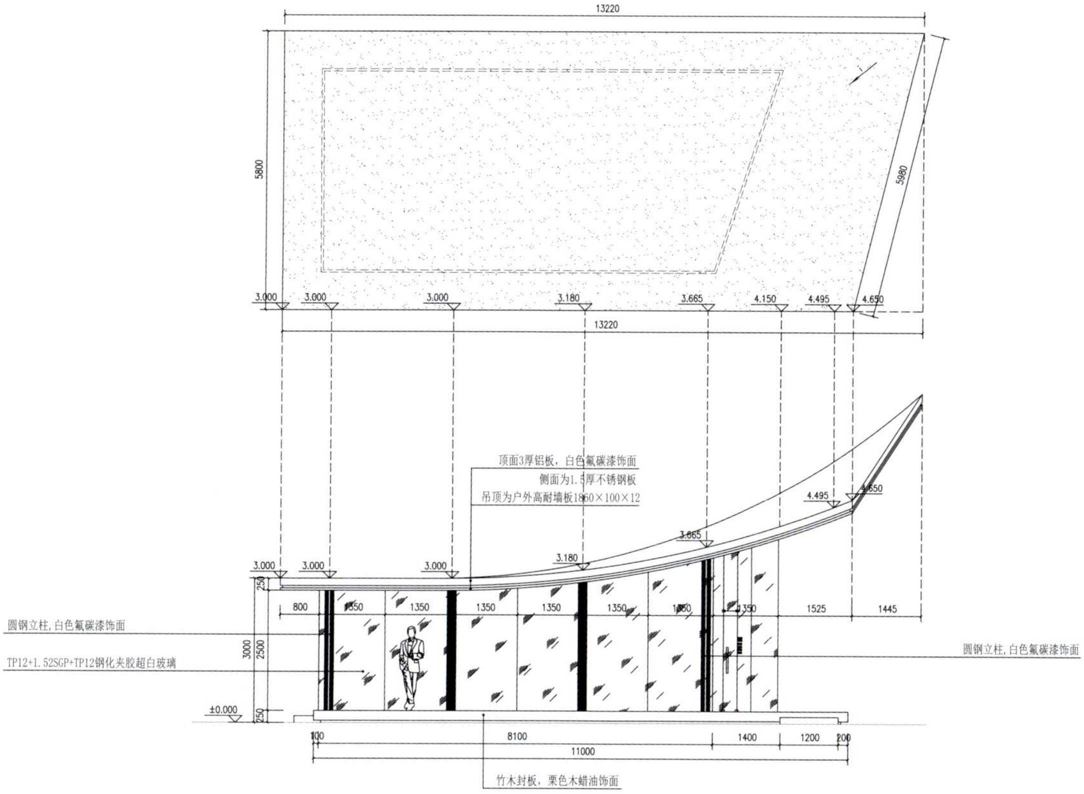

山顶玻璃房子立面图

设计师一直在寻找人与自然的关系，也不断在设计中尝试寻找面对自然时情感上的共鸣，从重塑到追寻，从抽象到真实，在自然里创造当代人新的生活文化。这不是停留在造物上，而是引导人去感知和追寻一个更好、更真实的自然。

项目地点： 广西壮族自治区南宁市
用地面积： 11 000 m^2
设计公司： 深圳柏影景观设计有限公司
摄　　影： 林　绿、三棱镜

臻园

“一弧三门”效果图

项目概况

中国的古典园林，其深意并不在表象的山水之形，而在于由内而外传达的一份悠然自在的心境。臻园所注重的正是这种意境营造，它在“西式造景”大行其道的当下，结合传统造园手法与“轻干预”策略，传承并创新中式造园文化，探索出既能满足埋藏在中国人骨子里的诗意情结，又能适应现代生活需求的在地性公共式社区花园，让居民重拾自然与人文兼具的沉浸式体验社区。

基地为南宁市五象新区的一片百年果林，现保留着约 40 棵果树，其中还有一棵 180 年高龄的“荔枝树王”。整个场地东高西低，有 2 m 多的高差，西侧低洼带还有一处约 2 600 m^2 的池塘。场地原生的茂密林木与水系对周围高楼林立、飞速发展的新城市中心来说，弥足珍贵。

如何充分利用天然条件，围绕这片果林打造一个大型社区公园，提升其公众服务价值，是设计思考最原始的出发点。为了这片果林，试图去寻找这片土地最初的记忆，这或许就是某种意义上的回归山林，更是一种超越时间的精神对话。

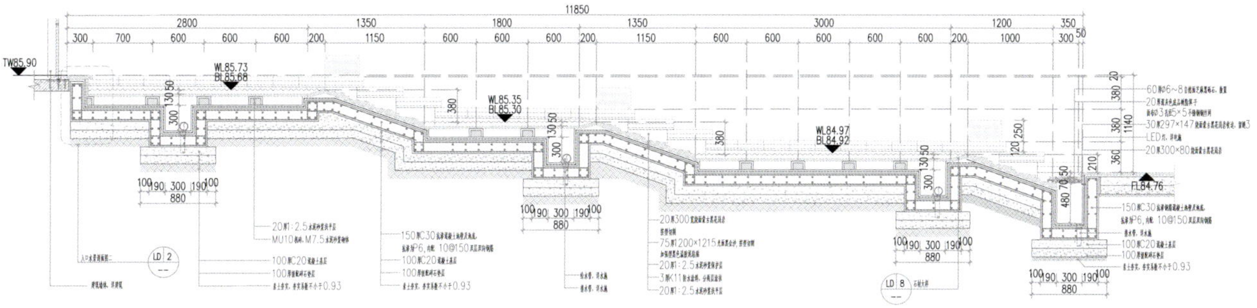

入口水景剖面图

留白的墙垣

“藏”是中式园林的精髓所在。起初的想法是设计为分区切断式院落，但这样既不利于空间的完整性，也不利于对古树根系的保护。为了减少对散根的切割，思虑再三，一道完美避开根系的弧线景墙因地而生。墙垣悬空于大地之上，让自然的雨水有了流淌的空间。留白的墙面记录着斑驳的光影，是对历经沧桑岁月的古树的具象刻画。两道弧墙交会形成的狭窄通行空间，营造“山重水复疑无路，柳暗花明又一村”的意境。

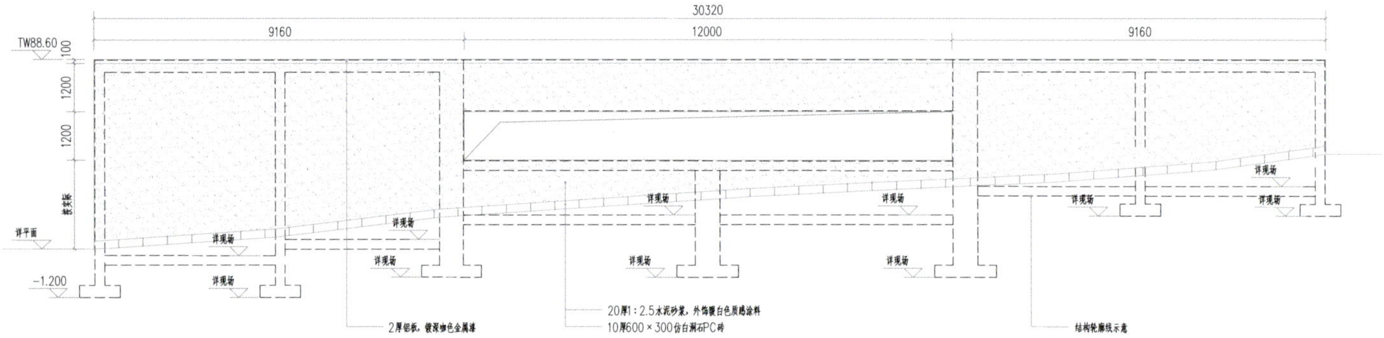

弧形景墙展开立面图

不朽的林泉

顺势而下，池水汩汩流淌，原本的生态池塘便是最佳回归之处。转而望山，一组山石破墙而出，仿佛山外还有山，水便于此自上而落。贴水悬廊曲折有致，在眼前延伸。

从景亭望下去，有一棵临水之树，名曰“不倒翁”。乍看之下像是人工种植的，其实不然，设计之初它已然斜卧于水面。起初的动线简单明了，为了不破坏它，转而环水建廊，以最佳的动线体验游于山水之间，生动有趣。“行、望、居、游”贯穿始终，此处便是最佳的居游之境。“不倒翁”如今以一种最为独特的姿态悬于水上，冠幅之下亦能安坐，可禅坐养心，畅悟人生。

行旅中的溪山

不知不觉进入“山林”的最深处，也即弧形墙垣的端部，此处便有了溪山的山，最大落差近 10 m，以一种望不到尽头般的气势，与“不倒翁”遥相呼应。

草海公园

项目地点： 云南省昆明市

用地面积： 27 200 m^2

施工周期： 6 个月

设 计 师： 邓仁俊、侯宗廷、沈梦茹、向星樾、郑鸿瑾、刘学园、唐丹怡、吴双双、冯　沥、谈沁源、周　杰、贺申雄、柴毅乐、李瑞鹏、刘春莲、封先润、张　渝

设计公司： 重庆道合园林景观规划设计有限公司

摄　　影： 三棱镜摄影、DO STUDIO

项目概况

项目地处昆明市西山区大渔路西侧，临近地铁站。地块北靠中学，西、南紧邻住宅用地与幼儿园，东临中央公园，周围分布多个学校。项目以文脉传承的历史文化绿地作为景观定位。

设计以历史文化为基础，打造一个文脉嵌入式、公园式、教育和亲子式相结合的文化研学社区公园。依托书院格局，传承在地文脉，打造具有书院气质的在地性景观，开启国潮复兴的历史研学之旅。

1 市政道路
2 劝学花园（主入口）
3 国学讲堂（书院）
4 书院后花园
5 草海浅丘
6 符图台
7 依山台
8 霁月草坪
9 榫卯乐园
10 义观寺
11 休闲文化平台
12 光影花园（次入口）
13 文化树廊
14 文星楼
15 停车场
16 公共厕所

总平面图

劝学花园（主入口）

劝学花园作为公园的主入口，毗邻中学大门，因学校内部场地有限，被设计为一个林阴广场，可成为理想的阅读场所。设计师采用古朴的设计手法，营造出宁静雅致的氛围，并且向社区敞开，让人们亲近自然。花园位于东方，清晨，朝阳映照其中，与愉悦的阅读声相得益彰。

光影花园（次入口）

在项目次入口旁边的义观寺区域，设计师打造了一个迎向城市、开放给社区的光影花园，营造一处具有弹性的广场空间。花园位于西边，义观寺遗址经过修复，重现过去的书院景象。

设计师在此修建了一条小径，铺设自然的质朴石材，搭配草坡和树木，营造出一种自然而颇具野趣的氛围，引发人们寻花探园的兴致。同时，利用义观寺的红墙作为自然的画布，夕阳西下，树的光影投射在红墙上，形成斑驳的质感，营造出一个时光的剧场。周边的市民聚集，这里弥漫着烟火的气息。

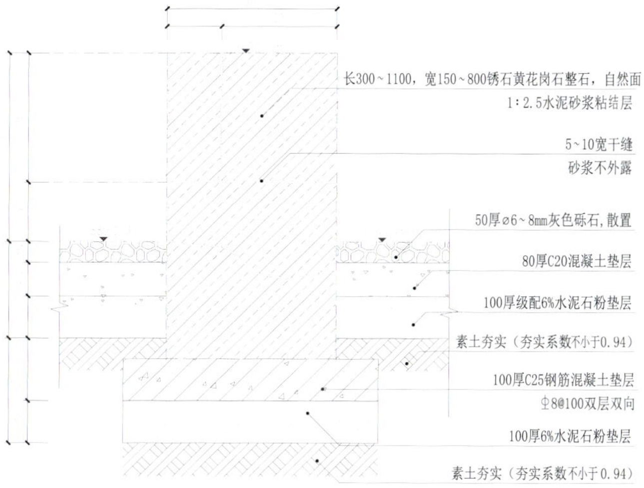

挡墙剖面图

草院与水院

本项目将古老的文星楼遗址与现代的景观元素结合起来，展现历史与现代的交汇之美。场地经过数年变迁，空间的边界也不断发生变化，义观寺与文星楼却始终保留，造就了场地的“时间刻度”。设计师试图创造一个具有诗意的书院空间，并以书院为基础，将空间划分为两个院子，一个叫草院，另一个叫水院。

草院的设计中，东方气质的建筑群被打造成一个亲人的回廊空间。院中有两棵苍劲的大树、几尊巨大的石块，待草长莺飞时，建筑的檐口下，少年们席地而坐，在绿阴环绕中问学讲经。

文璟和颂

溪山行画

云翠

梦游园

现代东方

柳岸晓风

九里桃源

瞻月府

锦上印

栖月雅园

柳岸晓风

项目地点： 云南省昆明市
用地面积： 4142 m^2
施工周期： 5 个月
设 计 师： 张 樟、李 喆、徐乾月、杨开雪、邓小雪、田 甜、余丞程、张建华、郑 军、何杰义、刘 淘、姚天宇、向 辉、刘 义、柳满意
设计公司： 佳联设计
摄　　影： Holi 河狸－景观摄影

项目概况

本次设计任务是在昆明城中通过套院结构营造一处可以喝茶、冥想的会客居所，希望设计师将当地风物融入设计之中。昆明常年鲜花开放，草木四季常青，是著名的“春城”。在这进深仅 52 m、长约 132 m 的狭长空间中，设计师巧借“三间六耳下花厅”的空间结构，尝试通过高原特有的光线裁剪，与院落场地产生“化学反应”，营造一处抚慰身心的疗愈之所。

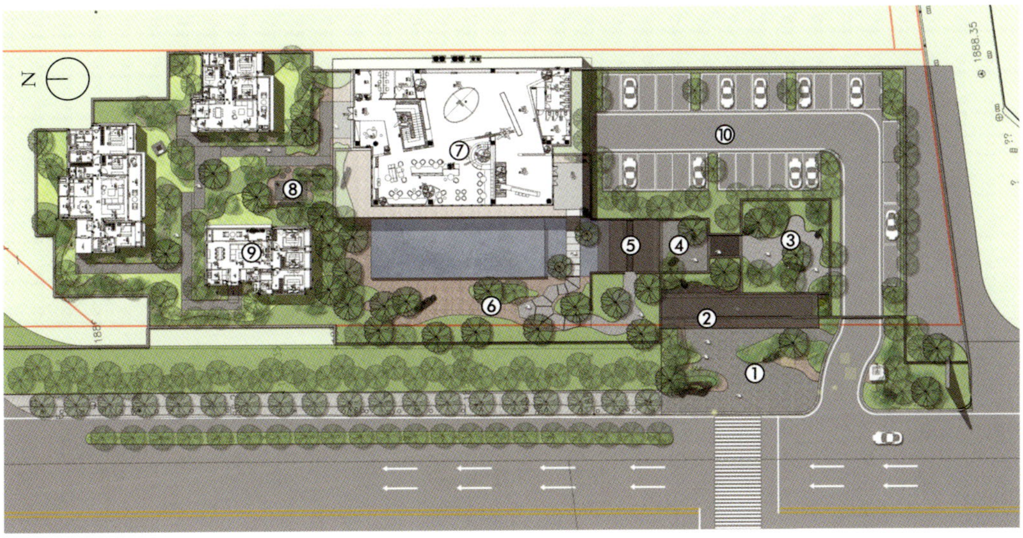

1 林下入口
2 入口门廊
3 花厅
4 接待厅前院
5 接待厅
6 中心水院
7 售楼中心
8 样板花园
9 样板间
10 停车场

总平面图

林下入口

入口从一片被保留的朴树与香樟树交错的树林开始，仅局部清理地表植被，最大化保留场地原有的那份温润。人们从原生树冠下进入，以此建立自然与城市之间的对话，从喧闹的城市中返回，回归到自我恬适、身心放松的自恰状态。

花厅游春

拾级而上，斜坡的屋顶长廊和金属织网扮演着“户外玄关”的角色，连接着阴郁与光明，为随之一转一顿后的豁然和花厅的自然之气创造更加强烈的内外感。

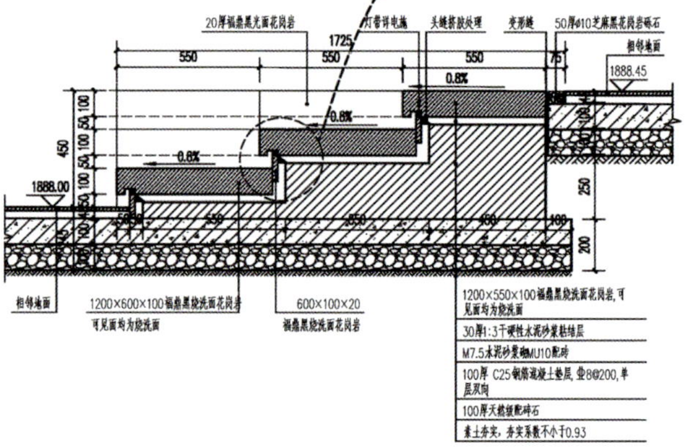

台阶做法图

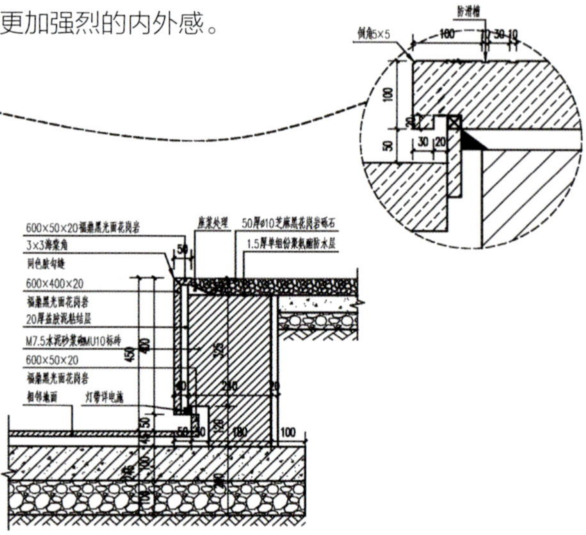

台阶大样图

进入花厅，人们能够漫步其中。设计师通过铺装的抬高与降低，让每一次进出都具有顿挫感；通过空间布局和植被配置，让身体和材料有轻触感；借助乔木的树冠及构架的开合，创造顶部的收放，形成有韵律的明暗序列，从而增强空间的活力。

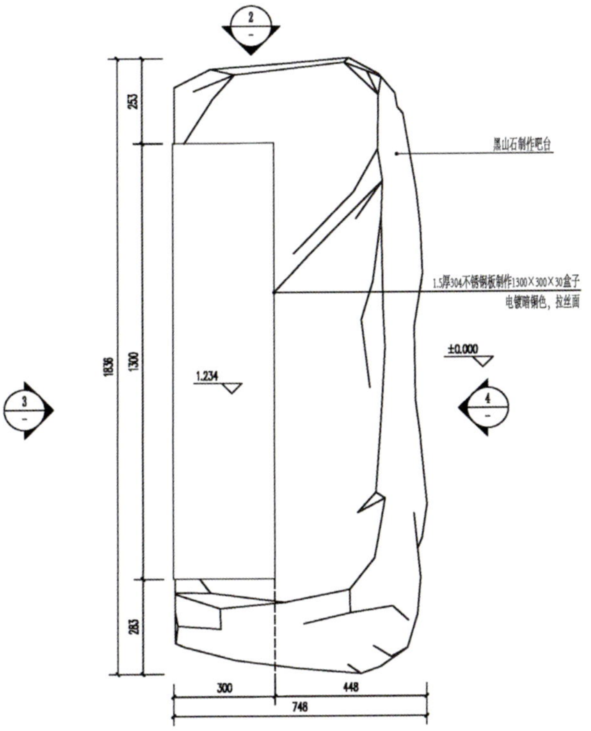

吧台平面图

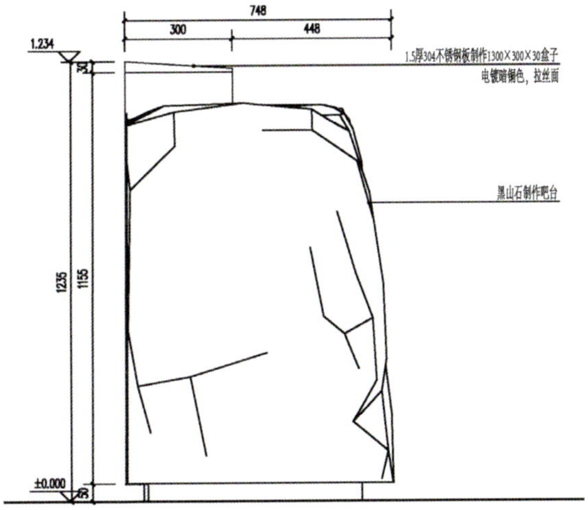

吧台侧立面图

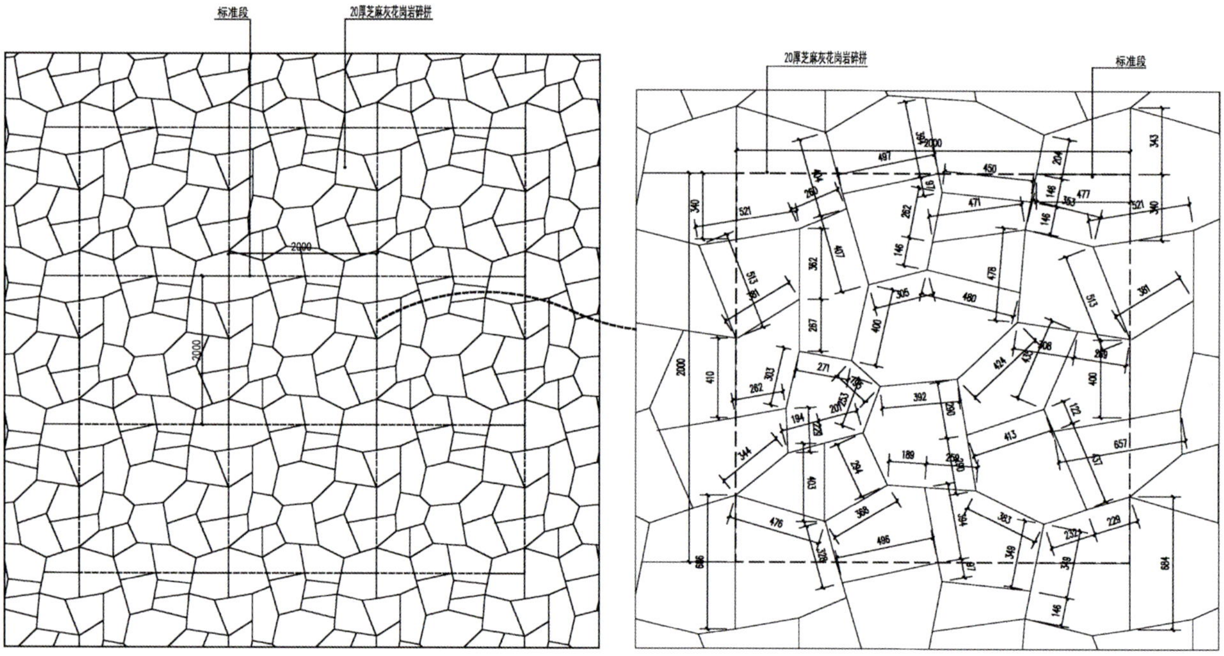

碎拼铺装大样图

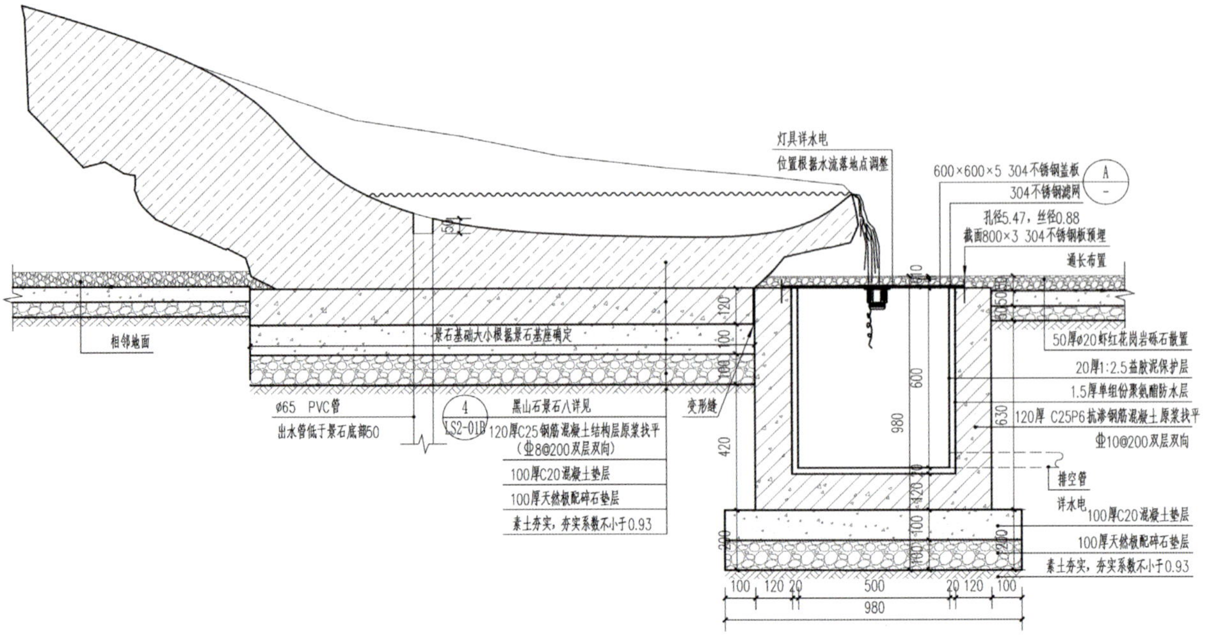

流水景石剖面图

面对变幻的高原光线，设计师通过空间裁剪，将不同时刻的光影引入院中，借助乔木、地被、多边形铺装的点缀，使空间显得明亮通透。

在软景材料的选择上，布置更多非革质叶片的植物，如天堂鸟、海芋、龟背竹等，希望通过它们透光的色泽和随风轻拂的姿态，让人们感受到更多自然的脉搏。硬景材料则更多选择多边形的本地石材和红色碎石，力图借助它们的质朴色调和微反光的表皮特征，以及摩擦阻力的触感，营造院落沉稳且内敛的格调。

鸟鸣山幽

在中心庭院，设计师同样保留了外围的原生林，节约资源的同时，也维持了小范围的生态平衡，还能有效屏蔽墙外的建筑和喧嚣。同时植入了 16 棵朴树，内外相照，如同将原生林引入中庭，仿苔藓覆盖缓丘，让山野的葱郁和林下的幽静渗入园中，打造出一幅颇具元末明初倪瓒画风的半亩方塘。

项目地点：江苏省南通市
用地面积：约 5 000 m²
施工周期：8 个月
设 计 师：张 樟、李 喆、张建华、陈 鹏、谢佳妤、郑 军、刘 淘、何杰义、张晓敏、池 欢、张 晶
设计公司：佳联设计
摄　　影：鲁 冰

九里桃源

项目概况

项目位于南通市港闸区永兴大道，外侧有湿地公园环抱，内侧有中式古典别墅相依，如何将场地融入东方意境的人文特征，组织一次不落俗套的游走行吟，是本次设计的挑战点。基于此，设计师希望借水之源和古典之气，用研习山水画之悟演奏一首“如画观法”的山居狂想曲。

设计本底

设计师希望以另一种“观法”—— 一种带有强烈经验图式且创造性的体验方式，来建立大众对游走式景观新的认知。就像艺术大师黄宾虹先生所说的“你们看东西总是一个方法，总是近大远小，而我看东西时，心里总存着一个比例，即事物之间固有的比例”。

现在的示范区多依照西方的绘画论和建筑观建造，售楼中心被当成雕塑，所有的元素都要去托举它，使其产生单点聚焦的“神性”。整个建筑前场空间被极度压平，建造时首先强调可望，其次是可游，对于可居则觉得没那么重要。

在本项目中，设计师把建筑当成画面的一部分，让其成为入画的一个角色，而不仅仅是过度张扬的唯一物。同时也希望示范区带点烟火气，除了常规的儿童玩乐场地之外，还尝试营造温馨的气场和人体所感知的尺度、材质，以使用感去建立品质，而不是用形体和装饰物去堆砌格调。

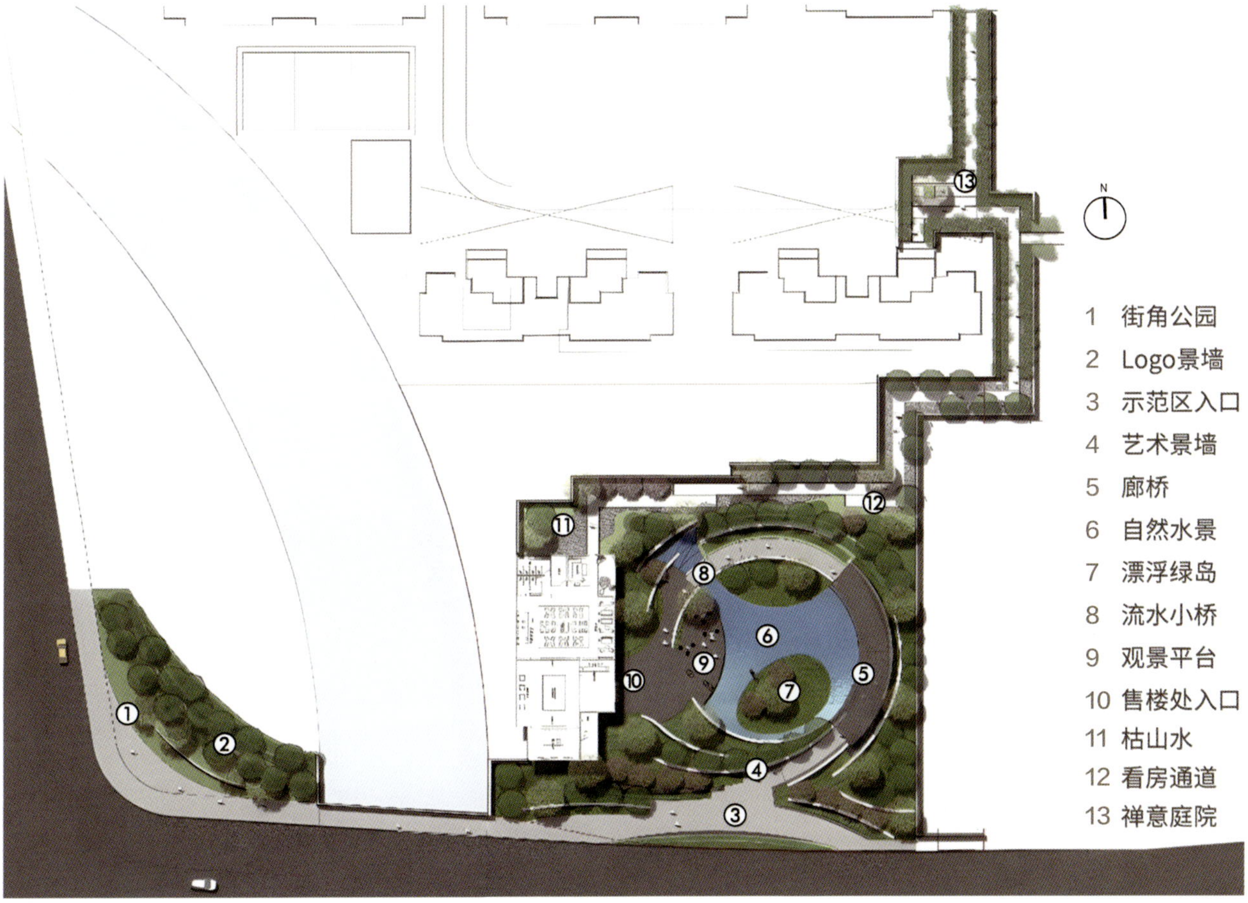

总平面图

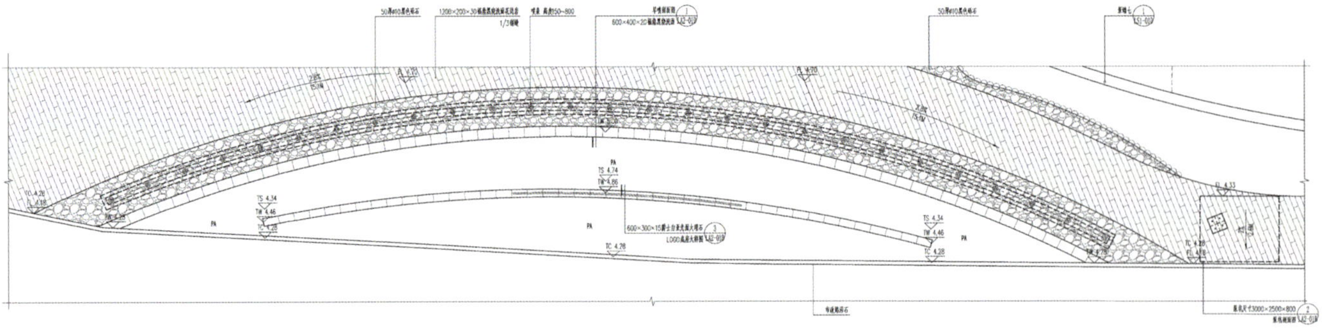

旱喷场地铺装、竖向、索引平面图

入口

入口摒弃了府院门头的形象，借助高达 4 m 的起伏片墙和一片乔木林，仿造国画中巨石挡道、松林障目的手法，形成其与对面湿地公园的对话。视线的阻碍反而让人更有一种探索的欲望，设计师认为这种进入自然之“门”的效应，用于杂乱的城市界面示范区，比起真正的大门来得更为自然、更有代入感。

居、望、游的神交

沿着片墙顺坡而下，长达 35 m 的双坡廊架犹如时光隧道，把人们“吸入”谷底，极低的檐口配合抬升的水面，形成了一幅横向展开的画卷。

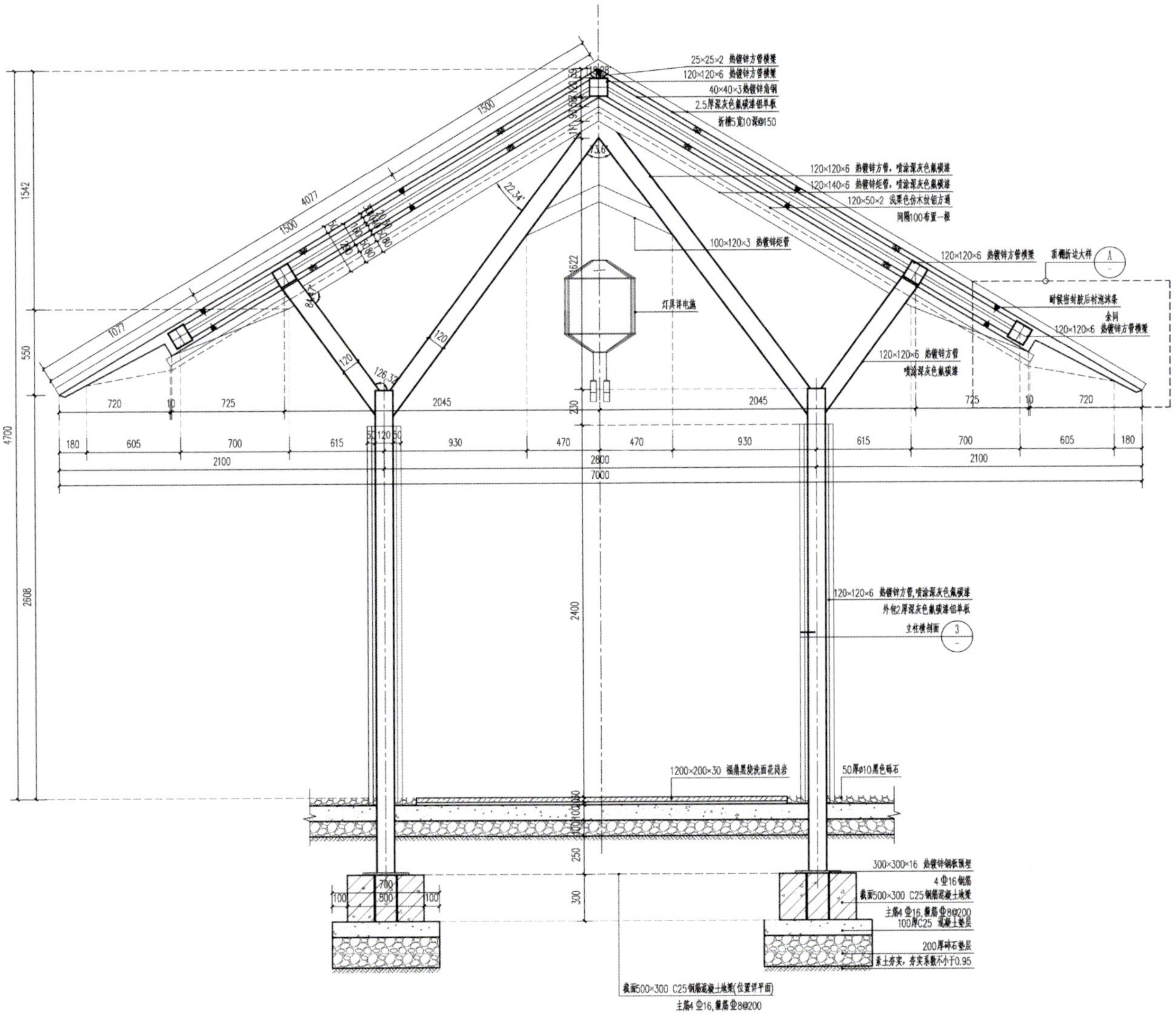

25×25×2 热镀锌方管横梁
120×120×6 热镀锌方管横梁
40×40×3热镀锌角钢
2.5厚深灰色氟碳漆铝单板
折槽5宽10深@150
120×120×6 热镀锌方管，喷涂深灰色氟碳漆
120×140×6 热镀锌矩管，喷涂深灰色氟碳漆
120×50×2 浅栗色仿木纹铝方通
间隔100布置一根
100×120×3 热镀锌矩管
120×120×6 热镀锌方管横梁
顶棚折边大样
灯具详电施
耐候密封胶后衬泡沫条
余同
120×120×6 热镀锌方管横梁
120×120×6 热镀锌方管
喷涂深灰色氟碳漆
120×120×6 热镀锌方管,喷涂深灰色氟碳漆
外包2厚深灰色氟碳漆铝单板
立柱横剖面
1200×200×30 福鼎黑烧洗面花岗岩
50厚φ10黑色砾石
300×300×16 热镀锌钢板预埋
4 Φ16 钢筋
截面500×300 C25钢筋混凝土地梁
主筋4 Φ16, 箍筋 Φ8@200
100厚C25 混凝土垫层
200厚碎石垫层
素土夯实，夯实系数不小于0.95
截面500×300 C25钢筋混凝土地梁(位置详平面)
主筋4 Φ16, 箍筋 Φ8@200

廊架剖面图

设计师希望人们既以观画的角度体验这一山水盛景，来到建筑前场时，又以入画的角度来感受山水之中的悠然生活。这样，同一事物以观乎其外又入乎其内的双重方式被激活，带给人多样的感官享受。

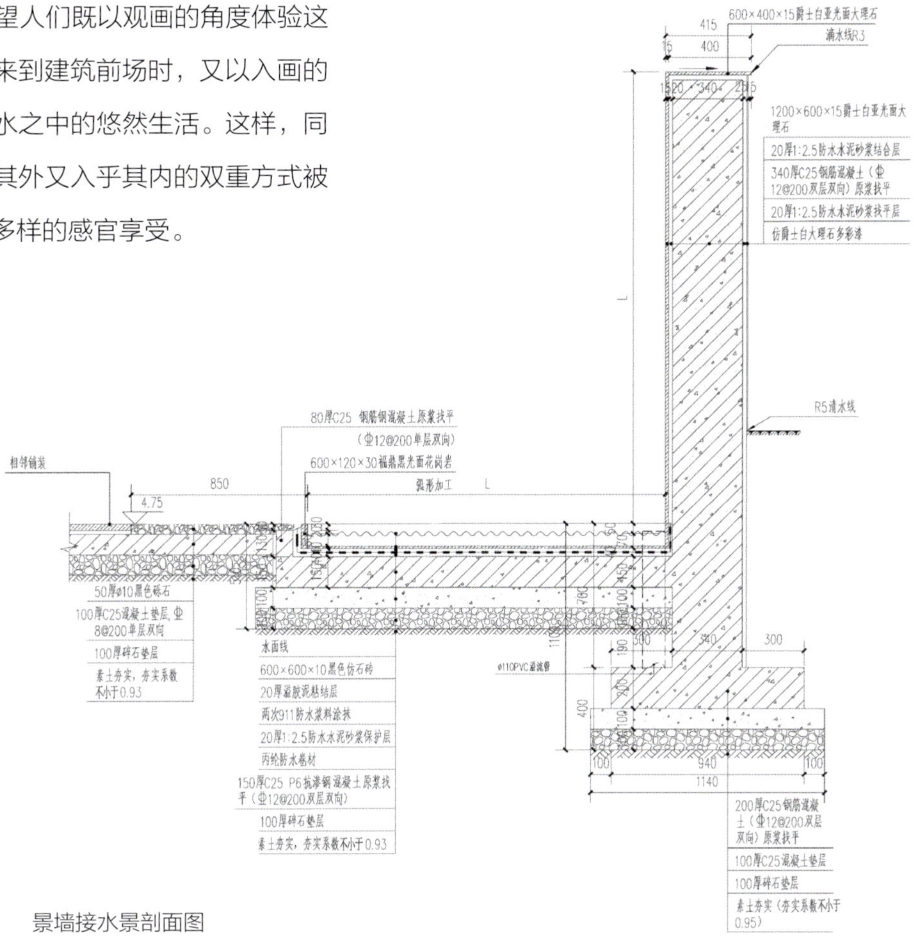

景墙接水景剖面图

在这里，整个画卷取意于宋代朱熹的《观书有感》：“半亩方塘一鉴开，天光云影共徘徊。问渠那得清如许？为有源头活水来。”我们希望整体的水面以静态的方式映射天空，凸显壶中天地之大；而水体空间又以藏源头、收水尾的方式在静态空间中埋下一条动态的隐线，将人们自然引导到建筑前场。

当人们以入画的角度回望整个“咫尺山林”时，我们希望通过放大岛上树木的尺度以及线性雾喷，强化其岛的“神性”，以此吸引视线于中部，尽量减少远处施工界面的干扰。而原先穿过的坡廊也以山中村郭入画，成为回望视线的点睛之笔。

在别处的探寻

从生活美学馆侧向而出，人们将踏上一条通向桃花源的隐秘之路。在此，设计师选用竹子去捕捉光和风，把河边风吹竹林带来的沙沙声装在这近百米的小路上，以此用大自然的喃喃细语洗涤人们的心灵，为下一场园行埋下祈盼的心情。

总的来讲，设计师希望通过汲取中国山水画的精华，从另一个维度探究游走性景观的设计体系，在当下与古典、西方与东方之间找到能够借力的思考支点。

项目地点：江苏省南京市
用地面积：7 000 m²
施工周期：5 个月
设 计 师：赵卓毅、杨　华、杨　挺等
设计公司：北京顺景园林有限公司
项目摄影：既白空间摄影、杨　华

瞻月府

项目概况

项目位于南京市秦淮区，背靠钟灵毓秀的紫金山，环抱富有诗意且繁华的秦淮河。设计师法瞻园之布局，以园筑园，基于当代人居对空间的本质需求，从“人、空间、生活”三者关系出发，将空间构建升华为情境营造，重新定义园居生活。从单元到聚落进行多维空间系统构建，聚焦公共空间与居住空间的渗透融合，打造富有生活美学及精神共鸣的人居新体验。

总平面图

空间：从单元到聚落

聚落由单元构成，它是人类栖居的形态，也是场地建造的记忆载体。设计不断创造单元间的嵌套、叠合、交融、消隐等多维关系，形成空间聚落，满足不同视线需求的系统建构，从而传达对私密空间、公共空间及共有空间之间关系的思考。

划地为界、划界为景、划景为境，从具象到抽象、从逻辑到意象，形成动态的空间表达，将建筑、景观、室内的功能与自然基底完美交融为一体，让居者在空间中体验“得其环中”的精神感受。

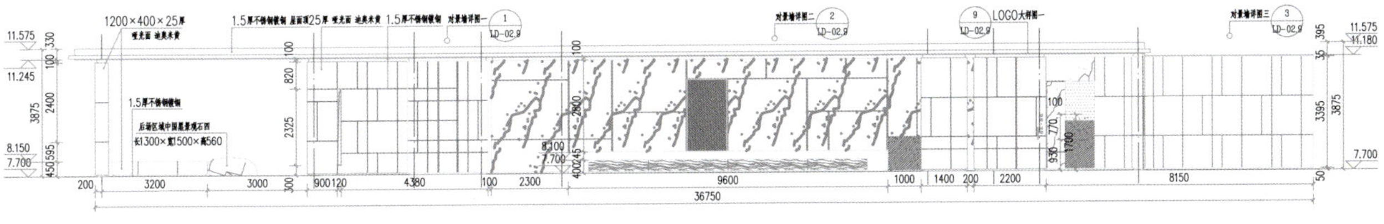

艺术长廊立面图

项目摒弃多余的装饰，极简到纯粹，让材料本身发声，用构成美学将空间的“无物”推向巅峰。纵横的线条节奏，体块的穿插、重叠、嵌套，彰显了物体本身的张力和竞和的冲突。通过对比产生的视觉张力塑造空间，黑与白极致的对撞、肌理感体块的对话，这是景观当代性的极致表达。

以品牌思维构筑空间，将场地营造升华为情境构建。以无形设计聚焦于空间情绪，在已知之境探索未知之象。建筑、景观、室内，目之所及的一切，包括光阴的流转、四季的变化，都是材料的语言，综合起来去塑它的“境”，直指“园居”的精神价值。

府门

门庭，是人们对一次空间之旅的第一印象。瞻月府门长达 68 m，斑驳的米黄原石皮墙体、精致的铜艺 logo、低调的编织暗纹，共同营造出其尊贵的气度。

水岸茶亭

绕水穿廊而过，即可到达水岸茶亭，凝光之境将全场的空间情绪推向高潮。每一座名园都要有一处精神高地，让人可以坐下来、静下来，与时光对话、观内心、见真我。亭内，略微弧形的曲线引天光入亭，用框景的手法将园内风景纳入其中，似自然的横轴画卷。

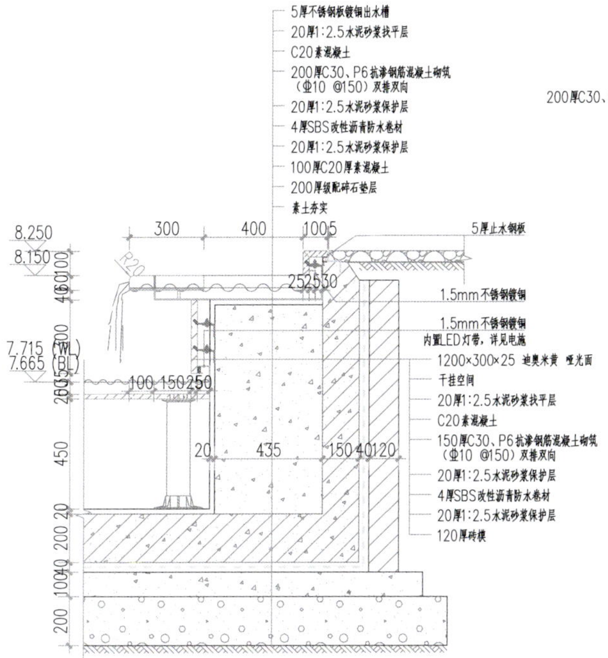

出水口节点大样图

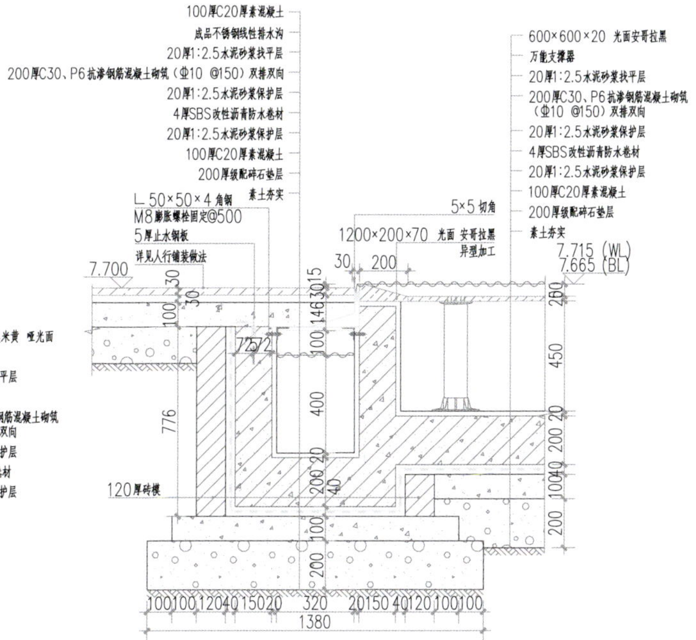

无边界水景剖面图

碧潭听瀑

绿意盎然的碧潭听瀑景观，营造了下沉空间半溪半岛的自然之境。清音鸟鸣，留得荷叶听雨声，会所空间情与景的内外交融将自然的森林气息写意画中。

生活花园

一半功能，一半自然，从行游到坐赏，将功能空间藏纳于自然风景，亦将自然融于生活，在这里静享时光天成，品读雅居之境。

项目将七桥瓮生态湿地公园的秦淮胜境借景进后花园，将园区景观和湿地公园连接并一体化打造，提升了园区的场地价值。未来，场地西侧的大面积商业用地也将成为全新的服务体系，有为居者提供更多高品质生活服务的可能。

项目地点：浙江省宁波市
用地面积：748 m²
施工周期：2 个月
设 计 师：雷　雄、BOCOBOCARLALDWIND、李亚萍、苏　青、夏　曦、狄　焘、孙炜权、袁文武、李　琴、李婉婷、李　雯、闫全周、任　俞、余小木、刘　涵、谢　伟
设计公司：CELEC 成都绿茵景园
摄　　影：E.LIT 光影空间、上海墨山文化发展有限公司

锦上印

分析场地空间，汲取设计灵感

场地位于宁波市高新区，发展潜力较大，教育资源丰富，公共交通便捷。

从最初构建现代山水的禅意空间，到全开敞式水景空间，设计师在与甲方的多次商讨中，不断邂逅新的美学语言，与其共舞，用其执笔，最终呈现出更为立体多维的艺术“藏馆”。

第一步：由于入口空间较窄，设计时考虑主入口向东侧移动，与售楼部入口形成错位，加强前场动线转折，丰富景观体验性。

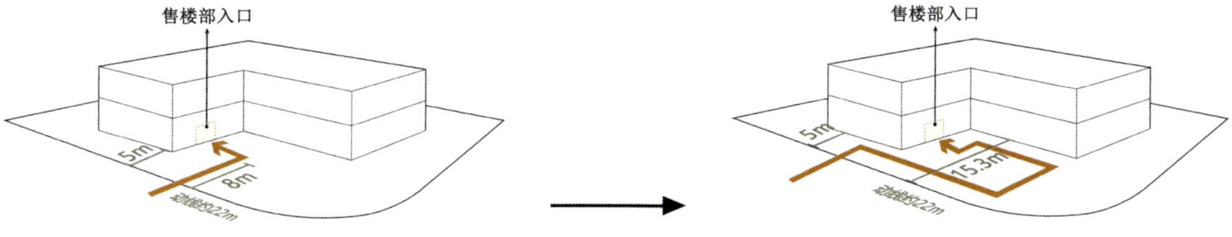

第二步：展示界面融入自然环境，重塑城市界面，打造隐秘而又开放的景观空间。

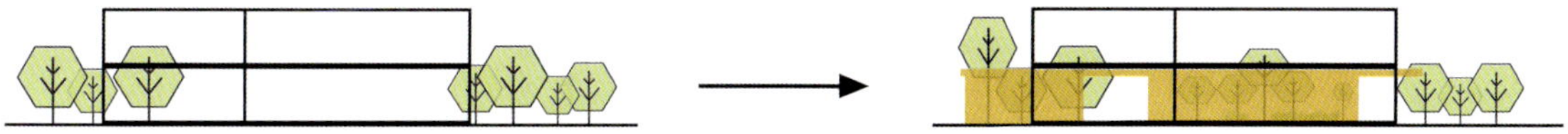

第三步：设置风雨连廊，打造虚实变化的景观空间，引导视线聚焦点。廊架犹如植物的容器、光影的载体，为每一处转角增添惊喜。

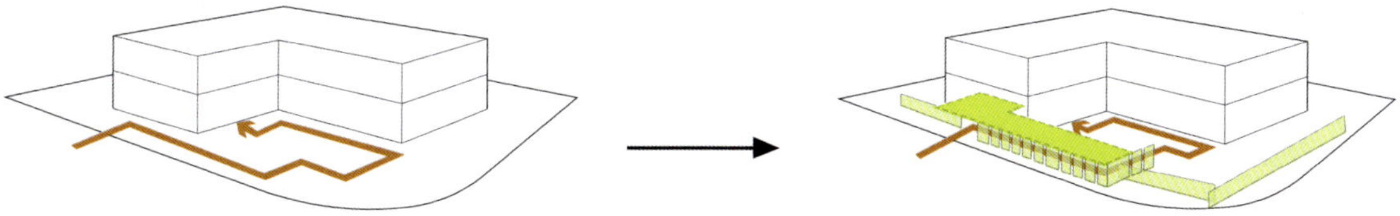

结合对场地的全方位分析，合理布局空间动线。前场展示空间公园化，利用景观设计打造一方小而精致的艺术收藏馆。

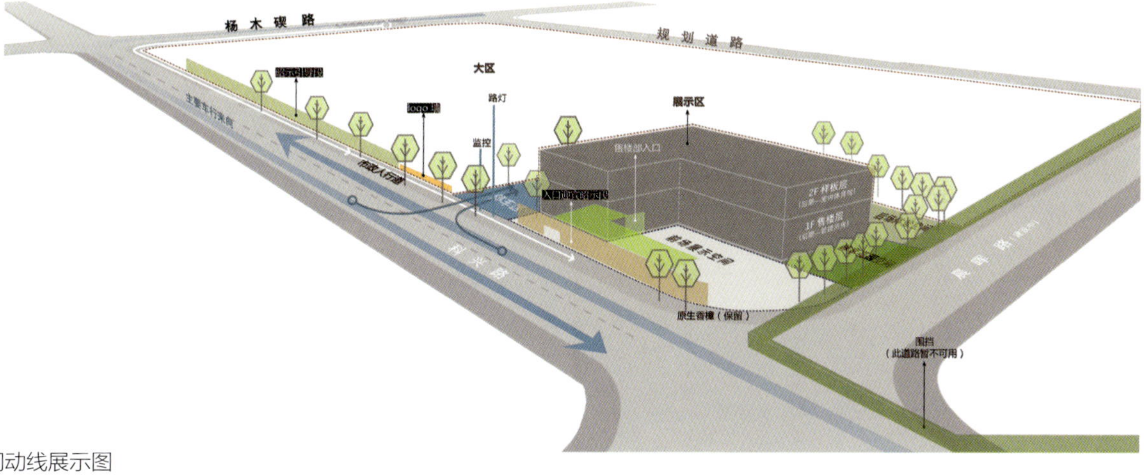

空间动线展示图

平面图

收藏艺术，框解故事

夕阳落下之时，灯光点映，在白色石墙上掩映着暖黄色的光晕，为夏日的城市界面增添一处感知空间。示范区入口采用围合式设计，取建筑之材，筑景观色彩。拾级而上，行走于连廊之间，赏光影美景。

廊侧一方采用框景手法，将园中景色纳入画中。穿过光影连廊，阳光倾泻而下，墙面与格栅的线性叠映，可感知虚质与介质、光与影、存在与虚无。

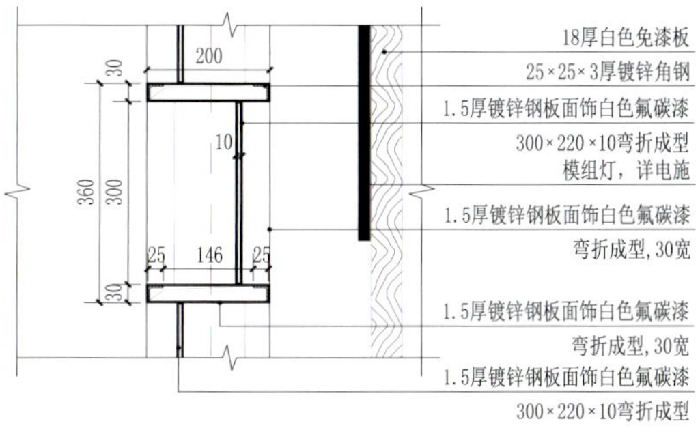

连廊节点大样一

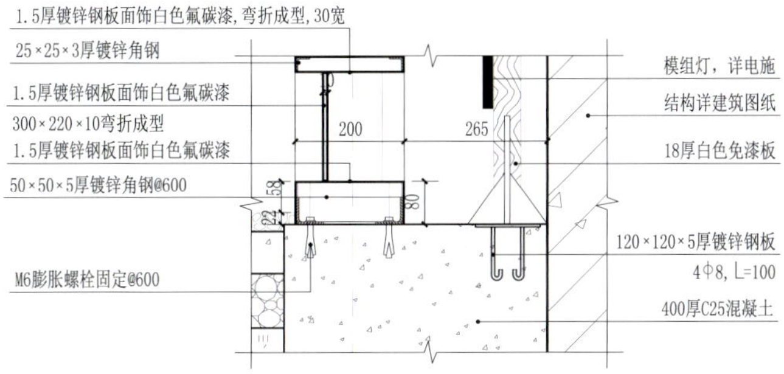

连廊节点大样二

收藏自然——松岛栖林

紧接着步入景观最为丰富的前场空间，一松一岛，一池一桥。行走在绿意盎然的空间里，与微风相拥，享探幽之乐。“户庭无尘杂，虚室有余闲。久在樊笼里，复得返自然”。漫步在青石桥之上，于繁华闹市之中感受浮光掠影、自然意趣。

园内整体色调以墨色、松绿色为主，墨色是庄重、高雅的象征，松绿色是宁静的代表。设计汲取中国古典园林的色彩搭配，构建诗意美学空间。同时，融入现代审美气息，打造可观、可游、可居的品质场所。

收藏生活——芳华秘境

场地一隅，植物呈现高低起伏之姿。阳光与树影之间，水流轻轻地抚摸地上的砾石，舒展着区别于钢筋混凝土的独特自然之美。

韵味十足的禅意雕塑，错落有致的层级水景，宁静躺卧的自然山石……每一帧细微之处的表达，都是品质匠心的呈现。

栖月雅园

项目地点： 江苏省苏州市
用地面积： 约 5 500 m^2
施工周期： 8 个月
设 计 师： 钟　玉、李临涛、杨雨轩、蔡译靓、李　玉、邓　婕、黄　宾、胡　乔、余小木、刘　涵、蒋晓梅、谢　伟、任　元、罗　成、欧　丹、王　芳、唐　华、孙宙辰、蔡　旭、周　娟、何丽红、赵大强、张　浩、闫全周、任　俞
设计公司： CELEC 成都绿茵景园
摄　　影： 三棱镜摄影

项目概况

项目位于苏州市相城区，是城市稀缺的岛居场地。其三面环水，自成岛屿；原生绿地包裹，落雨成潭，自成林岛，自然条件极为优越。惊喜之余，团队也在深思，当文化、自然、生活都在这里相遇的时候，人与城市、人与自然、人与人当如何相处？

如果说水是江南的气韵，那么园林则是姑苏的灵魂。从古至今，姑苏城骨子里的风雅，刻印在每一代人心中，自然与人文是这座城市的双重底蕴。苏州园林宅园合一，可赏、可游、可居，是古人对话自然、美化居住环境、寄托情怀的一种创造。

受苏州园林和宫崎骏电影的启发，设计师坐下来，在林间与龙猫、羚角马“谈一谈”，试图追问它们的答案。借来一片随风而动的心情，再与古人“聊了聊”，试着在雨中细聆人与自然的关系。然后胆子更大了一些——汲取苏式园林的造园精髓，构建一座宫崎骏故事里那样温暖而治愈的城市山林，将自然而生的场景归还生活，也让居于此处的人们能回归最本真纯粹的自我。

一进：归家

以去大门化的手法，打破城市与人的边界感，景墙的自然石面与人工大理石对比，一刚一柔，是自然与城市的对话。龙猫造型的埙被风吹奏出的声响夹杂着青草的气息，藏在这隐秘的高木深墙间。林野间，宫崎骏笔下主角阿席达卡的羚角马若隐若现，时光透过层层树叶缓缓流淌，渲染着神秘与幽静，似山林的召唤，让一切都慢了下来，回归心灵深处的家园。

二进：影道

自然而往，穿林而入。漫步在翠木交柯的影道上，疏影摇曳，探自然野趣，享悠然之乐。

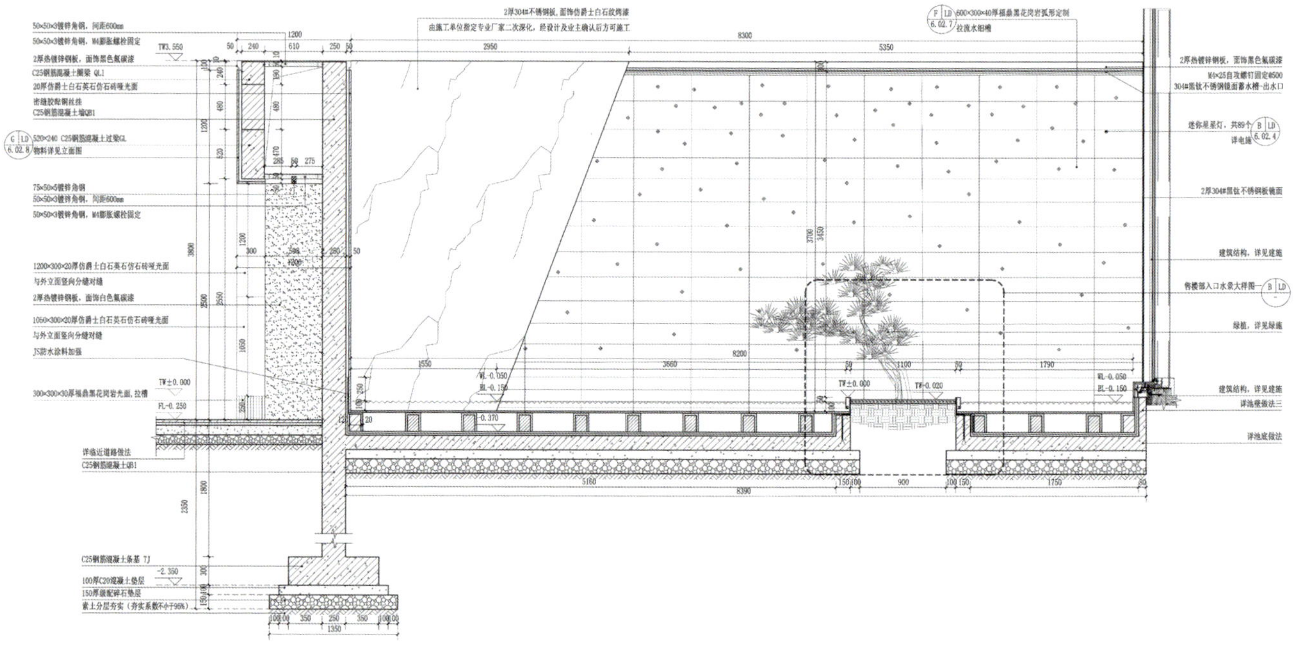

水景剖面图

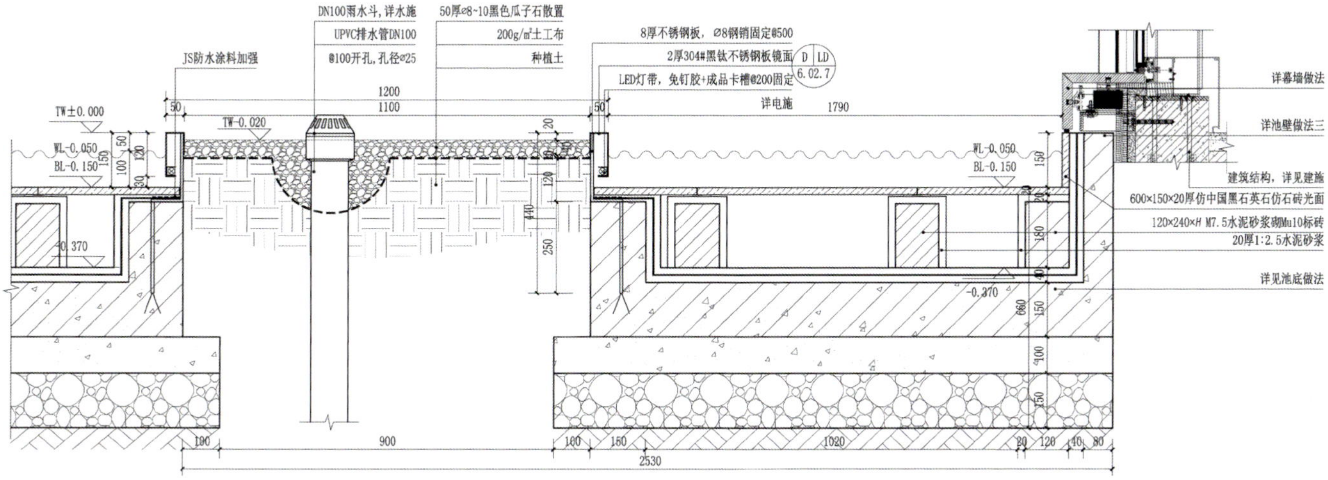

水景大样图

三进：婉转

游完前景空间，即将迈入结合传统园林意境与现代生活态度建构的新场景。空间迂回间，是对传统苏式园林的致敬。立体的画、无声的诗，是设计师画卷上的一水一木。暮色微微，光影变幻，星光自银河坠落，更添灵动。

四进：望岛

伫立而观，波光粼粼的溪流是平静的，通向远方的树林是深邃的，令人向往。室内龙猫与室外林岛融为一体，仿佛回到电影里那个细雨绵绵的夏天，人与自然当然可以和平相处。

五进：归园

台阶步道隐逸在婆娑的竹影之下，恰如缓慢合拢的幕布，为这幅画卷刻下一个休止符。华灯初上，夜色阑珊，于此，褪去一身铅华，悠然漫步至临时样板间，重归生活的烟火气。

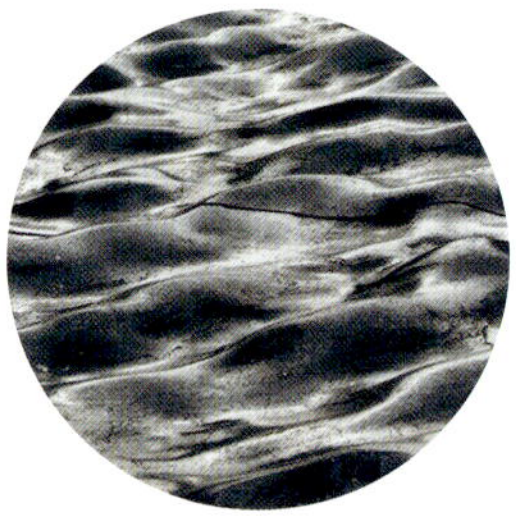

文璟和颂

项目地点：江苏省南京市
用地面积：5 211 m²
设计公司：伍道国际
摄　　影：须然建筑摄影

项目概况

项目师法“金陵第一园”瞻园的五进空间格局，规划“进厅、登堂、游廊、归园、入宅”五大空间序列，引人居游九璟之园，彰显当代人文雅趣生活。

设计以画为脉，解读清代画家袁江所作《瞻园图》，提炼“堂、轩、廊、山、亭、桥、庭、舍、林”等高雅场景进行拟态化表达，以山石、池水、亭廊等现代设计笔触，再造一座风雅美学居所。

对话金陵：礼与雅

展示界面约 45 m 长，入口门楼如画卷盛展。门楼两侧全冠移植的罗汉松株高与冠幅均达 4 m，树龄 50 ~ 70 年，以四季苍翠的古树风姿营造秩序感的归家仪式，舒枝迎客，谦送友人。

一进门厅，高约 5 m 的威仪景墙展现于眼前。墙面铺贴羽翼肌理的黑色石材，一侧取意南京六朝青瓷的晶莹釉色，甄选 3 款青绿色玉石玻璃化作琉璃照壁，予以双面打磨抛光。光耀之下，传统与现代交融，愈发彰显质感。

意象远山：形与古

“厅无石不华，居无石不安。”二进厅堂，对景雅轩会客厅，沉淀于此，如入山林般的古朴自然意境。翠色水晶玻璃如飘带般框景葱郁的自然。仿佛今人透过这面光镜，可以对谈古人，一同会客品茗话茶事，宴飨家眷赏佳园。

单侧景墙不仅规避了不利视线，而且在花池、定制墙体材料以及灯具的轴线序列引导下，将礼仪门厅之进制蕴藏其中。寻回从“物理空间”到“人本精神”的回归，领略设计的美学主张。

《园冶》有云：“峭壁山者，靠壁理也。藉以粉壁为纸，以石为绘也。理者相石皴纹，仿古人笔意，植黄山松柏、古梅、美竹，收之园窗，宛然镜游也。”景墙以匠心手工凿化天然粗粝质感的毛料原石，增添游园观感的艺术性。

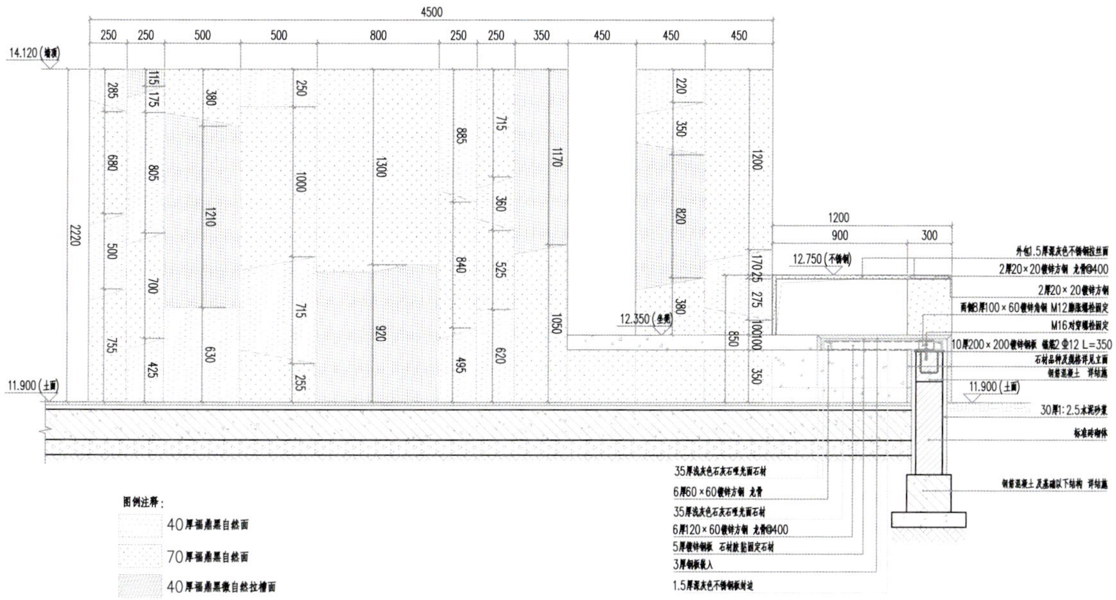

景墙、矮墙及坐凳剖面图

绢色画廊：隐与影

三进游廊，令山水居中，建筑环绕四周。借游廊连通雅轩会客厅与入户大堂，风雨皆成趣，可曲径通幽，亦可闲庭信步。于廊中行走，浓缩山水叠境，雅叙芳庭。漫步其间，对景中庭园林，辗转生韵，处处有景，凝练含蓄幽远的游廊情趣。

金属铝板的轻盈架构由墙身延伸至廊顶，阳光透过明亮通透、秩序井然的格栅洒入廊下，光影斑驳，尽显隔而不断的清雅古风之美。

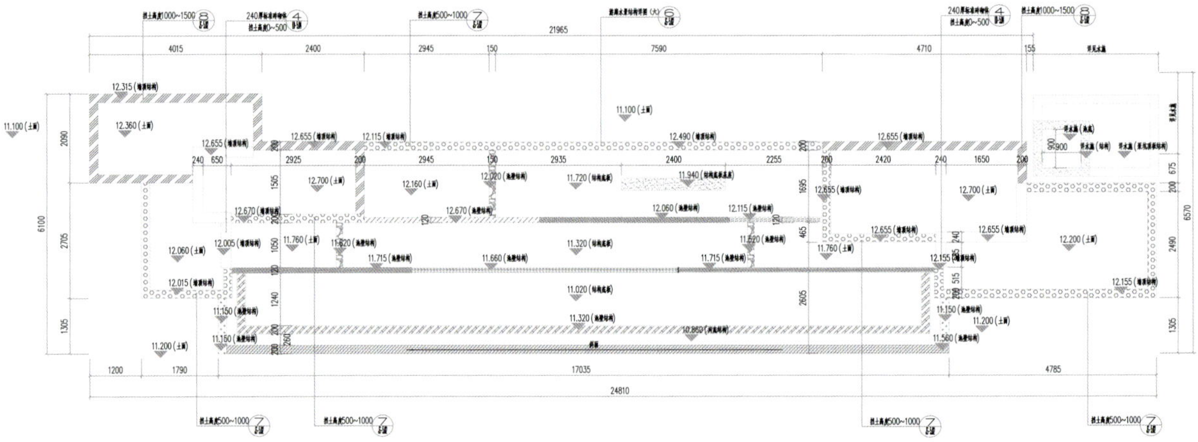

游廊水景结构标高示意图

原山物象：石与水

四进归园，以线条勾勒山水园林，流连华盖亭、清池、绿岛、浮桥、置石、跌水等景观，微缩国画中描摹的园林盛景，对话古人风雅之趣的艺术审美。以天然黑山石模拟自然的笔墨，置于池周驳岸，或化作精巧小桥，共同展陈园林的古朴质感与山水的岁月沉淀感。漫步中庭，听圆盘跌落流水，看碧树四季繁茂。

方庭之内，取意古时皇帝之华盖，尊崇感的华盖亭尽收眼底。设计以简约凝练的手法，再现宋风雅致。以金色铜质构筑物呈现轻盈凛然之姿，三处景点错落有致，相互成景。

透过镂空的长方形窗框外望，隐约传来汩汩水声，天然的黑山石静置于一侧。一时恍如静处山水间，看四季光景依时而变。烁光鎏金的格栅穹顶，创造光与影的朦胧之美。

纳藏万象：谧与辉

五进入宅，以私享庭院式布局打造品质的精妙尺度。静雅石墙、疏密有致的植物群落、将消防登高面做成模拟真实水景的液态大理石地面，从视觉到体验，处处彰显生活的仪式感。

溪山行画

项目地点： 江西省赣州市
用地面积： 3 018 m^2
施工周期： 2 个月
设 计 师： 邓仁俊、陈 渝、彭万里、黄 园、朱 海、邢起阁、汤 靖、刘 霖、罗 燕
设计公司： 重庆道合园林景观规划设计有限公司
摄　　影： 雪尔摄影

项目概况

项目位于赣州市章贡区，北临客家大道，西临钨都大道，南临赞贤路。地块北侧为中学，东侧为政府机构，南侧为写字楼，西侧为医院。项目周边教育、商业配套完善，路网成熟，交通便利。

赣州市是国家历史文化名城之一，具有厚重的历史底蕴和丰富的精神内涵，拥有丰富的宋文化遗存，被誉为“宋代博物馆”。因此，唯有宋城文化，最能代表赣州，最易唤醒赣州人骨子里的情怀。

01 礼序入口
02 人行道
03 仪式景墙
04 落客水景
05 苍松揽翠
06 售楼部
07 观瀑台
08 风雨长廊
09 悬亭叠瀑
10 林下平桥
11 倚栏临流
12 多功能空间

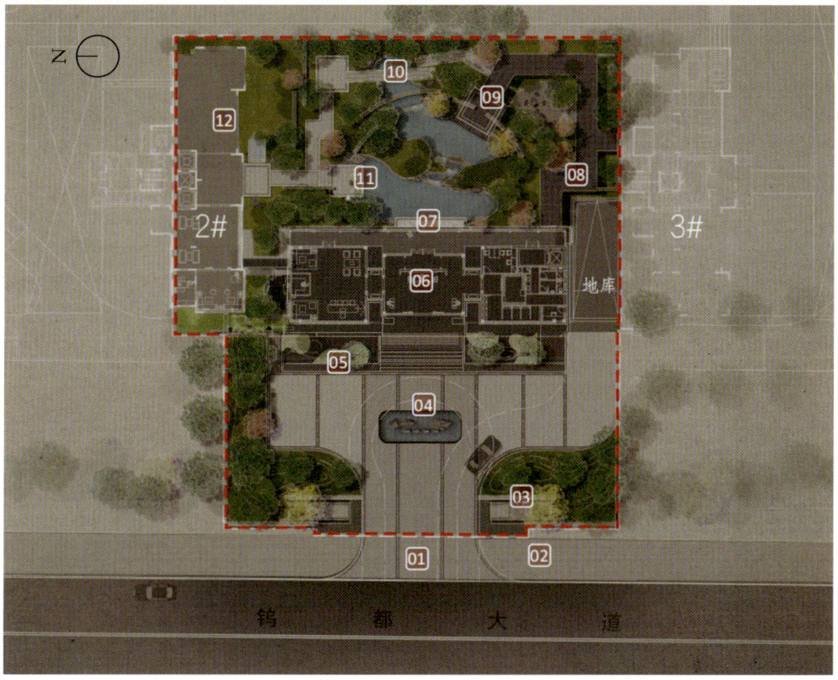

总平面图

车水马龙，声声入耳

园区规划的主要出入口在西侧，项目将西入口及中庭区域打造为实体示范区。所以，示范区以大堂为界，划分出了前院和后院。前院主要承载车马落客的功能，后院是对传统造园手法的致敬，以现代物料演绎传统空间。

门厅建筑足有 6 m 高，正好让松树可以和建筑“舞蹈”。中国人对于松树是有情结的，松枝在建筑的檐口跳跃，如果这个时候月亮也如此调皮，月上松头的画面便能打动大部分人。

细雨撑花，千步珠帘

传说李师师有一把油纸伞，伞撑开后就像一朵花一样，散发出一阵芬芳。从珠帘中走来，吟唱柳七郎的《雨霖铃》，宋代的文人骚客隔着水岸便能看到惊世红颜翩翩起舞。这就是宋式美学园林回应当代看与被看的关系，在宾客眼里，表演者是风景，在表演者眼里，宾客亦是风景。

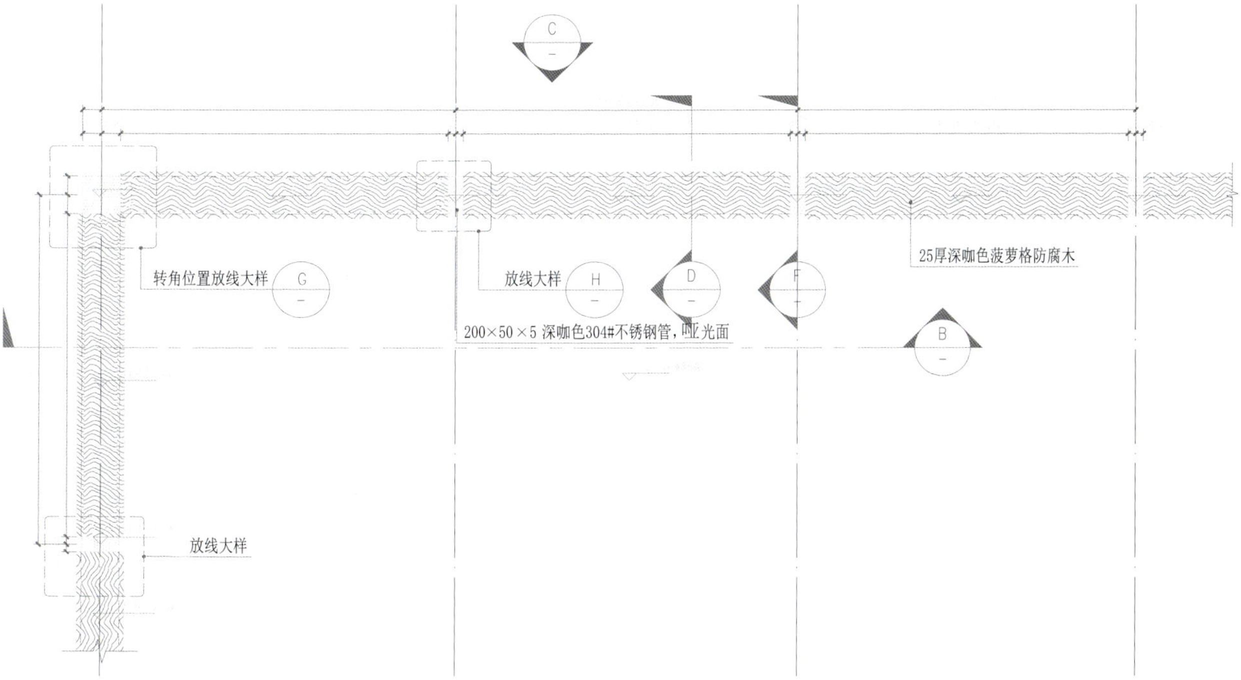
C
转角位置放线大样
G
放线大样
H
D
F
25厚深咖色菠萝格防腐木
200×50×5 深咖色304#不锈钢管，哑光面
B
放线大样

矮栏杆平面图

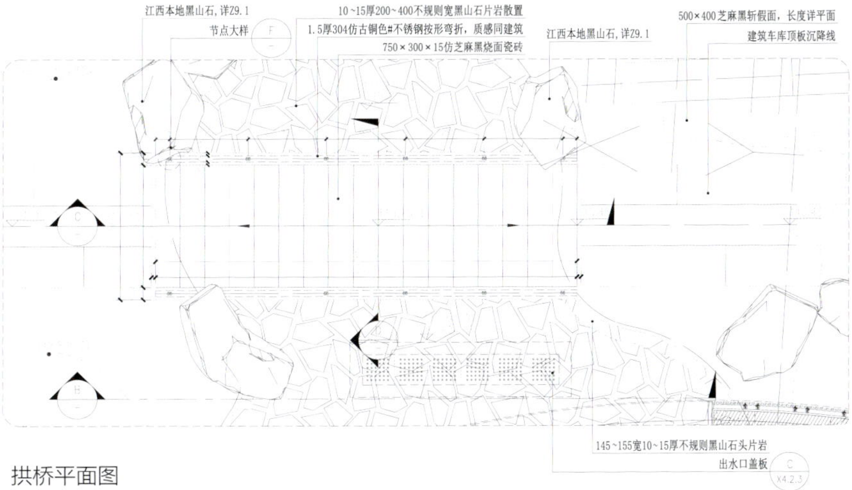
江西本地黑山石, 详Z9.1
节点大样
F
10~15厚200~400不规则宽黑山石片岩散置
1.5厚304仿古铜色#不锈钢按形弯折, 质感同建筑
750×300×15仿芝麻黑烧面瓷砖
江西本地黑山石, 详Z9.1
500×400芝麻黑斩假面, 长度详平面
建筑车库顶板沉降线
145~155宽10~15厚不规则黑山石头片岩
出水口盖板
C
X4.2.3

拱桥平面图

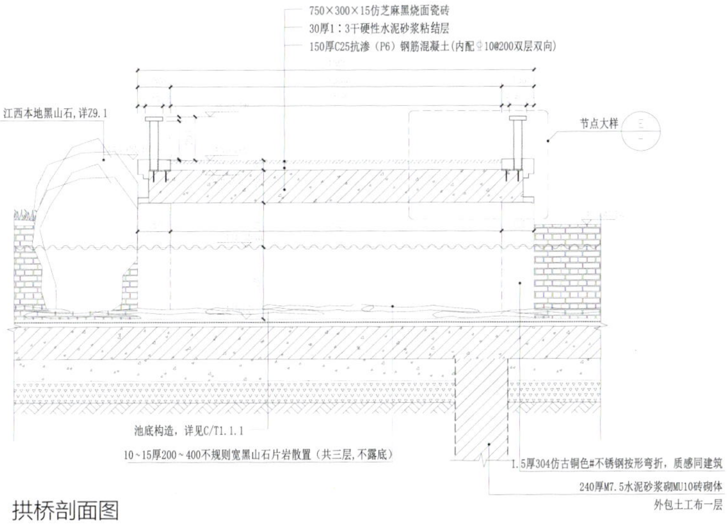
750×300×15仿芝麻黑烧面瓷砖
30厚1∶3干硬性水泥砂浆粘结层
150厚C25抗渗（P6）钢筋混凝土(内配⌀10@200双层双向)
江西本地黑山石, 详Z9.1
节点大样
E
池底构造, 详见C/T1.1.1
10~15厚200~400不规则宽黑山石片岩散置（共三层, 不露底）
1.5厚304仿古铜色#不锈钢按形弯折, 质感同建筑
240厚M7.5水泥砂浆砌MU10砖砌体
外包土工布一层

拱桥剖面图

小院听瀑，古树斜阳

穿透空间的不只是视线，还有声音和光。在这个咫尺大小的庭院当中，可以听到墙后叠瀑流水的声音。庭院设在东边，周围的回廊把空间压缩得很小，清晨只有半片阳光能洒进来，刚好可以斜向穿透庭院中那株古树，落在石桌椅上，呈现斑驳的光影。宋代美学讲究这样的斜向构图，在小小的画面中拉伸空间感。

小桥流水，醉花深处

中国造园手法中很重要的内外观法就是把上一个院子的景致借进当下的空间。一座小桥静静躺卧在几片树影之中，还未散尽的水雾穿透曲墙，连接着曲墙的内外。若你有孩童心性，可以一时在小桥上跨步，一时弯腰看曲墙下山石的倒影与内外游弋的锦鲤，这便是知鱼知乐。树下阴晴变化，可以伸出手掌去捕捉阳光。

云翠

项目地点： 重庆市

用地面积： 1 775 m^2

施工周期： 4 个月

设 计 师： 彭万里、张子龙、高宇嘉、桂梦华、陈　灿、陈景荣、容雯静、黄景柱、刘云长、王清平、伍　颖、张　渝、张　鹏、郭晓燕

设计公司： 重庆道合园林景观规划设计有限公司

摄　　影： 道合品牌中心

项目概况

项目位于重庆市两江新区中央公园板块，靠近金山大道和金兴大道，紧邻云竹路和云桐路，靠近在建轨道 5 号线北延段，距离机场约 20 分钟车程，距园博园约 700 m。场地地势平缓，与道路高差较小，视野开阔，现状有较多地质岩石资源，周边资源丰富。

项目用地面积较小，引入段很长，昭示性不足。项目的景观建造遵从古法，整个空间建构虽不恢宏，却自有章法，一路转折往复，深入内部空间。

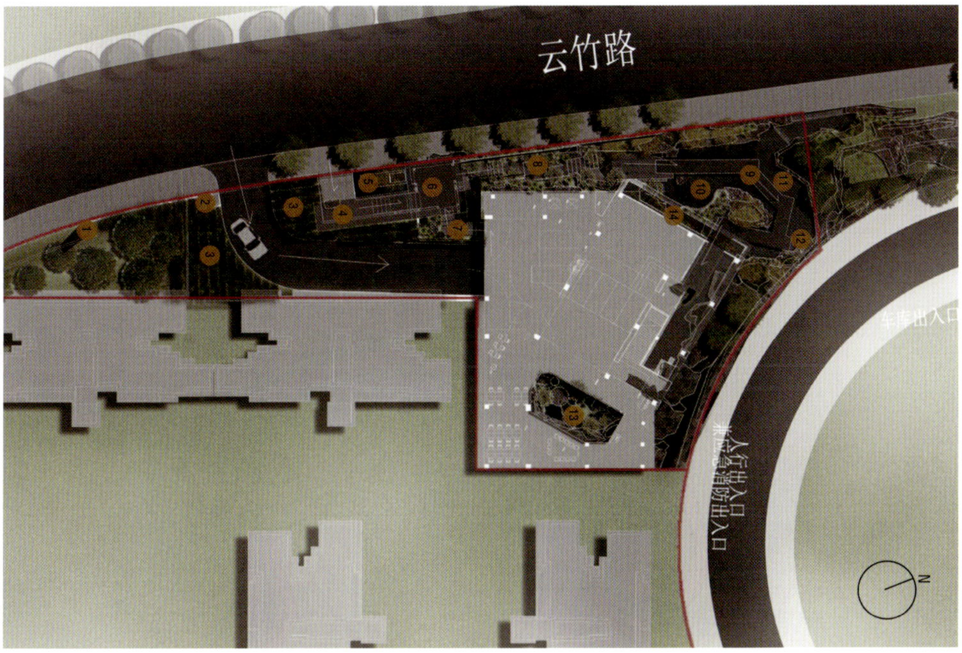

1 精神堡垒
2 岗亭
3 竹林
4 入口构架
5 入口静水面
6 禅意和室（接待厅）
7 停车场人行入口
8 林间栈道
9 水上栈道
10 深潭水景
11 跌水景观
12 崖壁飞瀑
13 空谷幽兰
14 禅意天井

总平面图

项目设计以“山水”为切入点，在山水空间里传达现代理想生活之志。以北宋范宽所作山水画《溪山行旅图》中大山大水的构图手法、景观视线控制等为设计灵感，如画观法、古为今用。探寻山水美的历程，也是处理“人与山水关系”的过程。梳理“溪山行旅”的动线，以古法造景，利用多重视野结合现代的设计手法掇山理水，层层演化，在城市里还原一个古画中的山水世界，重塑东方人居美学。现代人进入这个空间，就仿佛置身于自然山水之中，人与山水相互关联，成就彼此。

寻境

入口用精致的禅石将人拉入景观之中，对景中，水池与树造意，整体写意自然，不取琢饰。前景的巨石好比是一块踏脚石，把我们递入整个场景。

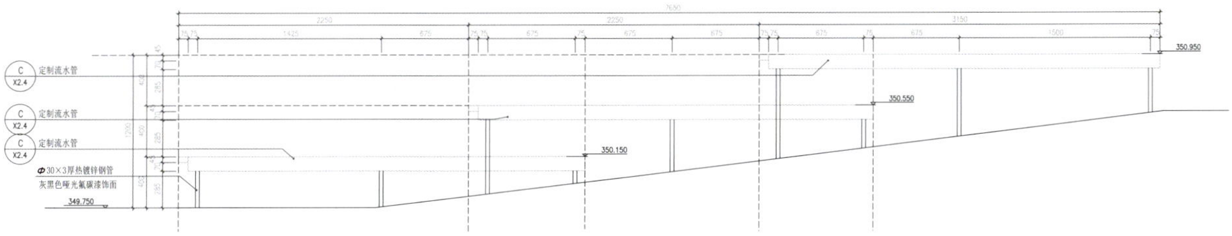

落水管立面图

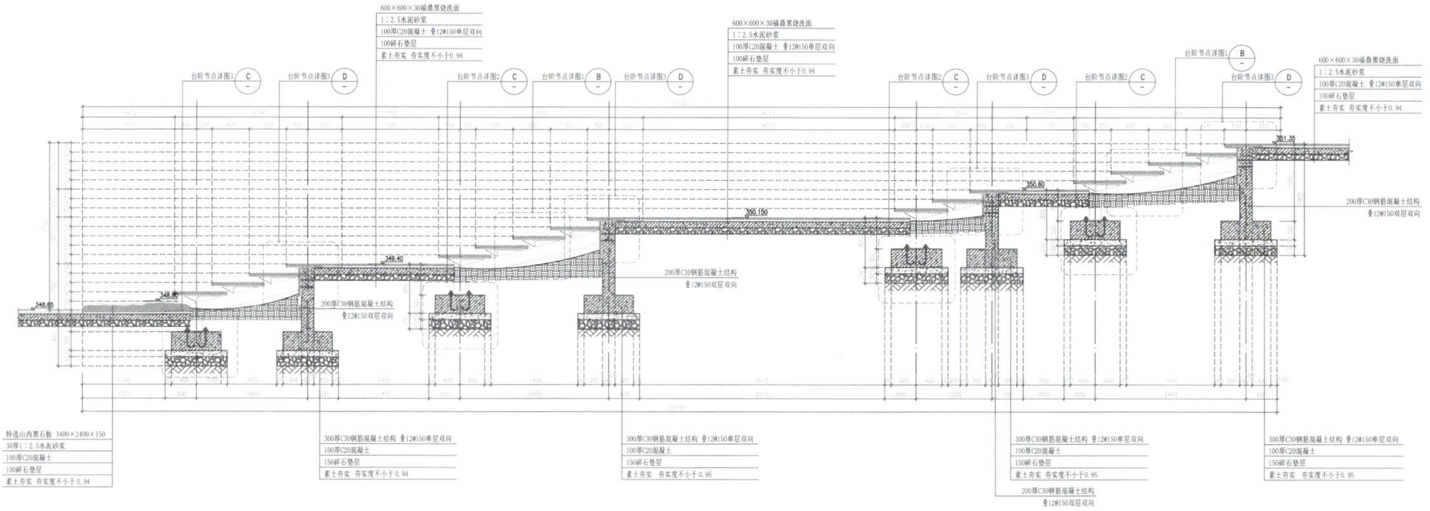

台阶剖面图

达境

云桥曲水，一池清莲、一群锦鲤，路径尽头利用现场高差，结合台阶和平台，在小空间内打造悬奇景观。飞瀑场景阻碍前行，给人一种视觉上的冲击。崖壁景观结合塑石工艺，重现自然山水意境。

游境

走进内部空间，山水趋于平缓，空谷在内部空间留下悠长余韵。行人往复板桥流谷，涉山石云林以成趣。

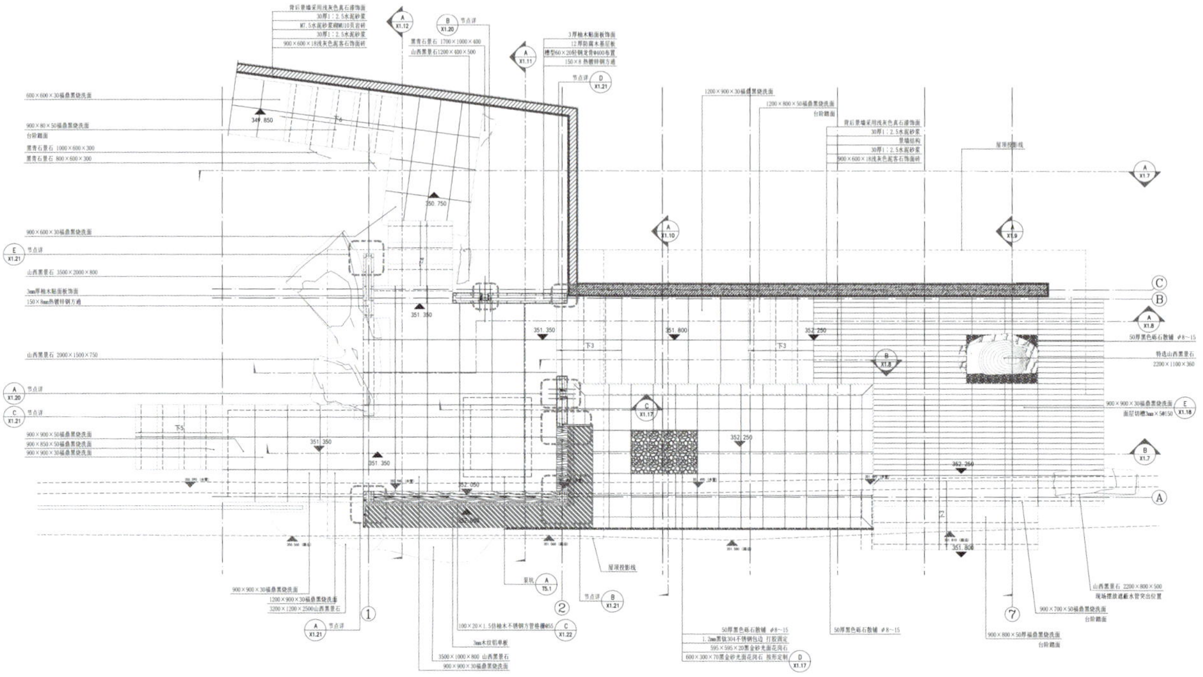

廊架平面图

入境

空谷崖壁幽深，白色飞帘直下，动中有静、静中有动，使景观的场景和室内空间相互渗透。

山水无边，物我两忘。“云翠”在闹市之中延续东方山水的居住理想，给人们留下了这一块山水境地，也留住了人们内心所追求的理想世界。

梦游园

项目地点： 广东省广州市
用地面积： 21 256 m²
设计公司： 深圳柏影景观设计有限公司
摄　　影： 广州超越视觉文化传播有限公司、深圳市林绿文化传播有限公司

项目概况

本项目传承经典，用园林造“境”，缔造府院新国风，奉行东方府院的美学理念，营造东方人内心世界的故园。

入口空间

林荫大道两侧有 8 棵挺拔的凤凰木和 10 座屏风吊灯，以远处郁郁葱葱的青山为背景，引导视线，营造仪式感。呈品字形错落建立的金鳞墙，鳞片金光闪闪，彰显着社区的礼序之美。

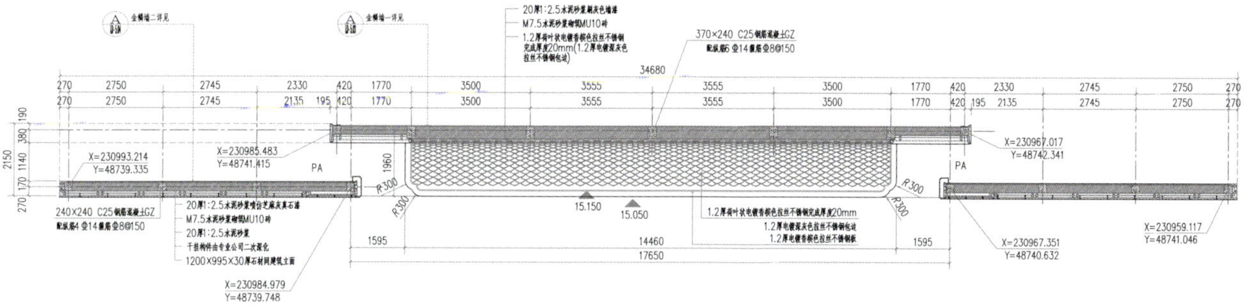

金鳞墙组合平面图

弯拱桥名为御水桥，如同弧形玉石般横跨于水面之上。桥面中心采用浪花白石材，桥头扶手以金属如意收端，展示中式府邸的细节。两侧叠水均以如意纹样作为水景底座造型，造型罗汉松立于叠水之上，背靠龙鳞幕墙，展示浓厚的迎宾氛围感。

庭廊

《园冶》有云："峰虚五老，池凿四方。下洞上台，东亭西榭。"御庭芳旁有一池静水，水中有山、山中有林，强调中轴线，显端庄方正，在舒朗的空间中打造优雅的情趣，宛如诗情画意的蓬莱仙境。其半开放的空间布局取自中国古典园林，融合"游廊戏苑"的经典手法，传承中式风骨。

游廊设有五重拱门，展现"人在画中游、画在境中生"的超然之态。"绝怜人境无车马，信有山林在市城"。漫步于廊桥之间，步移景异，表达人与自然的和谐相生之道。

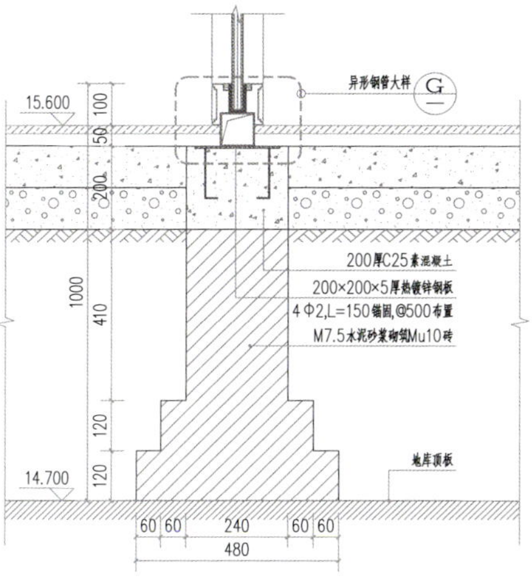

廊架拱门屏风底部固定大样

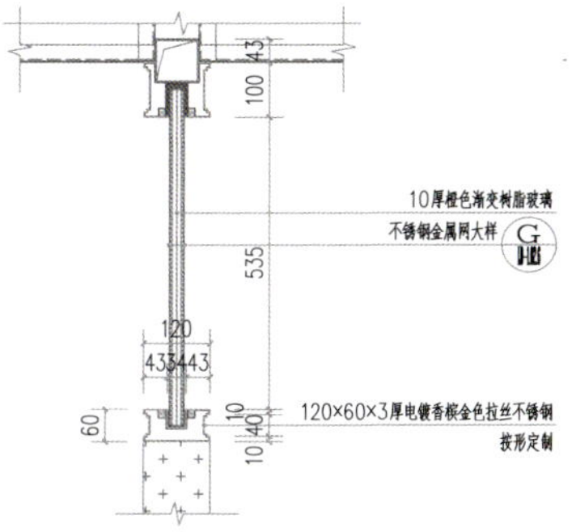

廊架拱门屏风顶部固定大样

每个房间望出去都是一幅自然的画卷。漫步于婆娑层林之间，感受枯山水的禅意，古雅而幽静。随着时间流动，可赏春花、夏叶、秋果、冬枝，哪怕仅是一日之间，也有朝、午、夕、晚之变幻。

居室亦园林。居室供人居住，庭园供人游赏，居室为内，庭园为外。居室和庭园相互依存，共同组成自然化的人居环境——园林。

悉昙酒店

云熙

九间堂

金沙东院

禪意东方

源山春秋

滨江府

朝夕时

怡庭

源山春秋

项目地点： 北京市
用地面积： 16 000 m^2
施工周期： 8 个月
设 计 师： 宋晓明、姚　洋、路保强、田金林等
设计公司： 北京顺景园林有限公司
项目摄影： 一辉映画、林　一

项目概况

项目将旷野自然与精致人文生活相融合，延续西山自然山水格局，转译千载文脉典故，彰显皇家园林气度。设计以打造“东方禅境园林”为理念，实现历史文化与现代景观相结合的设计创新，构建了充满东方意蕴的园林景观，展现山居生活的闲适与恬淡。

理水

项目场地东西向高差较大，设计师希望借用场地本身的自然地势，保留其自然天成之趣，就高堆山、依势放坡，形成自然山间的溪谷林壑。结合地势，以入口静水为起点，以山涧为线，耳畔闻潺潺水声却不见水，直至水池方出。

禅趣

长达 35 m 的入口是隔离城市界面的第一视点，3.5 m 高的秘魔岩石是秘境入场的点睛之笔，自然苍劲的巨石与古朴厚重的铜门搭配，展示了粗犷与细腻的碰撞之美。

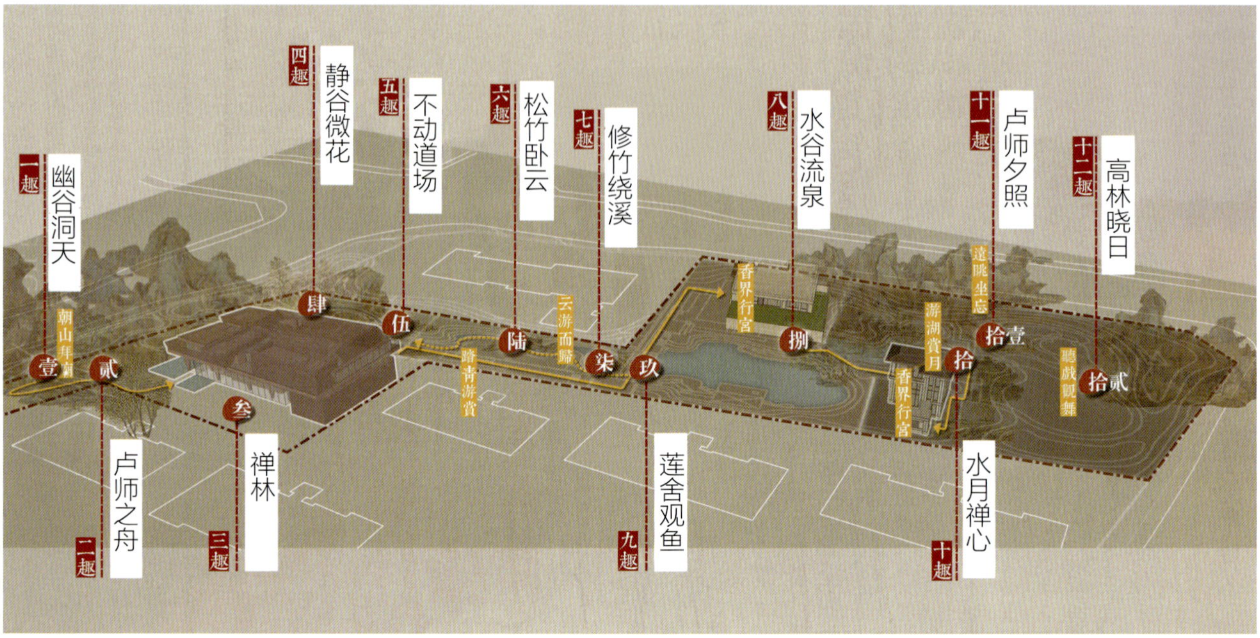

鸟瞰分析图

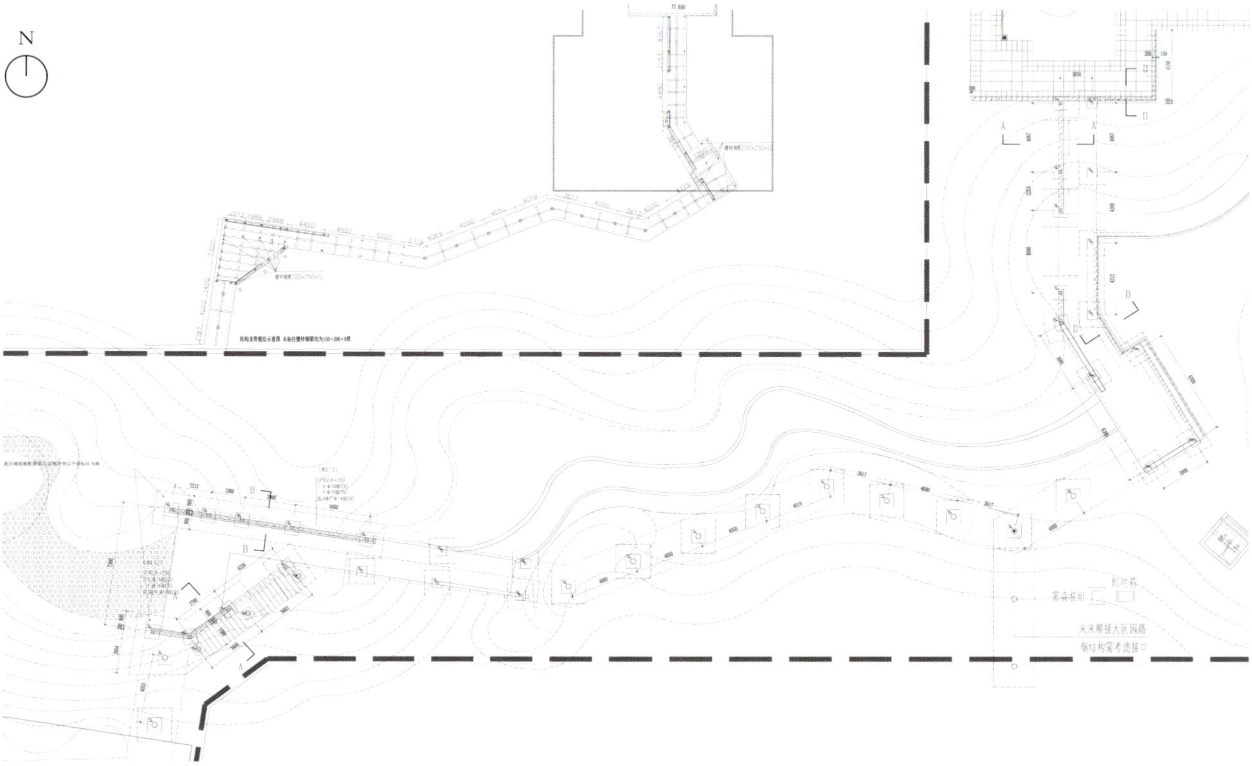

云游栈道结构平面图

动线

上层栈道凌空而过，下层小径曲折蜿蜒，再现山中林壑繁盛、草木荫浓的景象。同时借溪谷的自然地势，营造立体洄游式景观体验。

穿过栈道密林，山色湖光豁然开朗，远眺空山葱茏，近观树影浮动。花开之时，落英缤纷，花瓣落于湖面，静随水流。

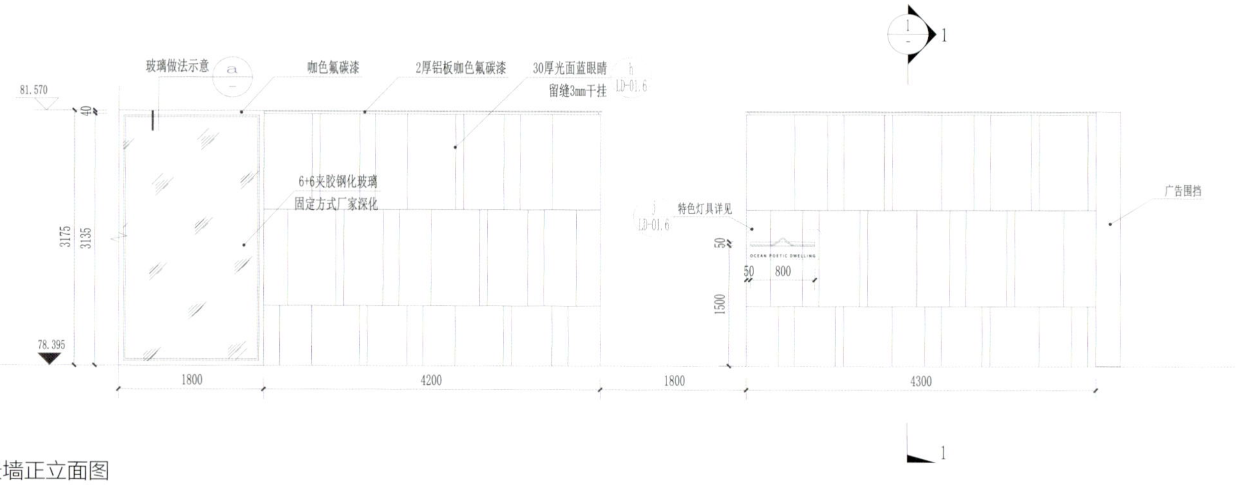
玻璃做法示意
咖色氟碳漆
2厚铝板咖色氟碳漆
30厚光面蓝眼睛
留缝3mm干挂
LD-01.6
81.570
78.395
6+6夹胶钢化玻璃
固定方式厂家深化
特色灯具详见
LD-01.6
广告围挡
3175
3135
40
50
800
1500
1800
4200
1800
4300

景墙正立面图

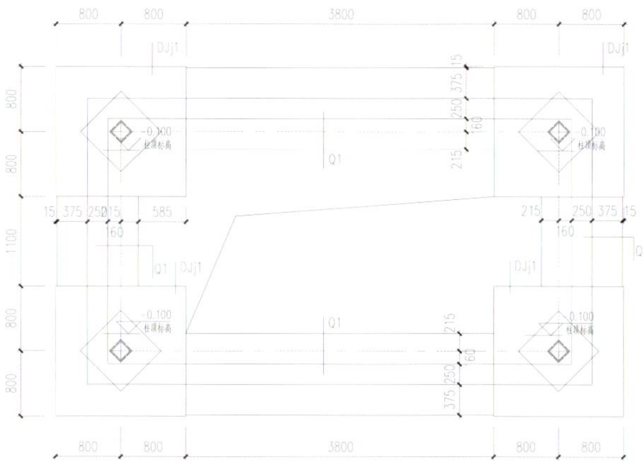

卢师夕照基础布置图

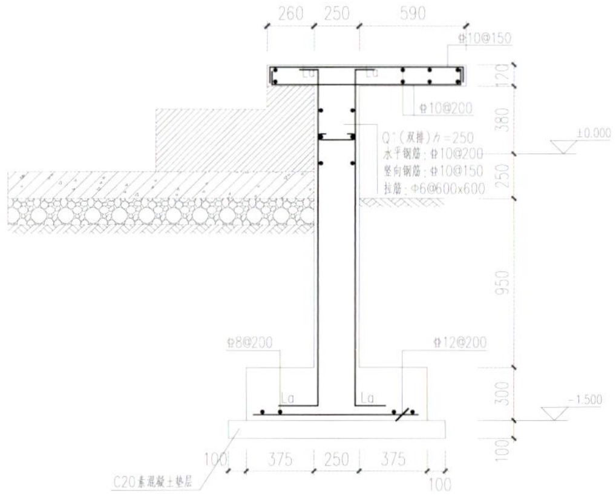

Q1

过山谷而入，遥对法海古寺，不动道场位于两者之间。透过石中琉璃从小物中看大世界，期望达到不为外物所牵的思想境界，回归内心平静，以达“身心圆明”。

项目源起西山，向外借清净山谷、翠微云雾，向内享禅意清心。慢品林泉幽境，遍观山野雅趣。透过自然的一树一石，涵纳西山千年积淀；一物一景，传递“自心本性”的人生禅境。

项目地点：广西壮族自治区南宁市
施工周期：10 天（示范区）
设 计 师：庞美赋、柏 影、张方法
设计公司：深圳意棠景观规划设计有限公司
摄 影：林 绿、庞美赋

滨江府

项目概况

项目毗邻邕江与青秀山，依山而建、傍水而居，区位独特。设计灵感来源于八桂山水，桂林是一个拥有独特山水地貌的城市。山，仙姿的神态犹如彩缎重叠翠屏，水，清冽飘逸，萦绕回环于田园峰林之间。将桂林山水引入画境，山水的交融与折叠，在空间设计中就有了折叠互换、观与照的对比。

设计师用设计留住山水记忆，表达流动的乡愁之情。他希望这里既是自然旖旎的，也是时尚先锋的；既是思想碰撞的，也是文化相融的。自然与文化是我们人类情感跟园林联系的纽带。设计师以广西独特的山地地貌、山水城市为灵感起源，取境于书画长卷，将真山真水复刻到方亩园林里，期望把宋代的“雅”、古人的生活方式及其文化底蕴融合于山水园林，让自然与文化通过园林的方式去塑造空间，把人类向往的，已经远离甚至失去的山水记忆重新找回。

问松

松园营造以自然为主，让人与整个自然景观产生联系。这里有时间、空间的折叠，可以感知四时，品味四季变换的魅力。

松的动态空间让植物的季相和生长形态有了变化，极大地丰富了动态空间构成，由此得到了真实的自然境域，其意境也随着时间而变化。松让整个空间更加灵动，相互呼应产生的意境也不断变化。

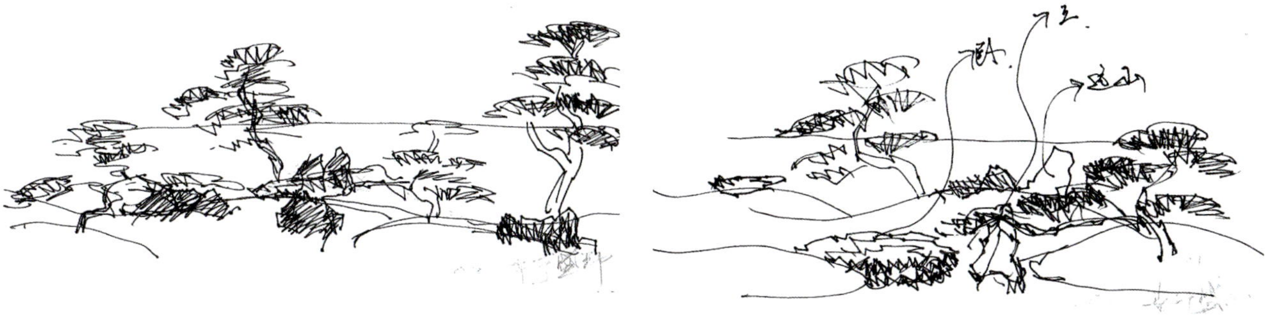

手绘意象图

相地

造园必先相地，只有“相地合宜”才能“构境得体”，相地是多方构成要素按照一定美学规律与科学规律建造而成的四维时空。其不仅具有平面构图的自然流动，还有对时空与意境的构建。

点石

李渔《闲情偶记》云：“且磊石成山，另是一种学问，别是一番智巧。尽有丘壑填胸、烟云绕笔之韵士，命之画水题山，顷刻千岩万壑，及倩磊斋头片石，其技立穷，似向盲人问道者。故从来叠山名手，俱非能诗善绘之人。”叠石实际上是呈现一种韵律之美，让人在观赏的时候，不仅看到地面之上的石块，也能想象石块深埋地下的部分，从而产生极强的纵深感，能够于点石之中感受大地的力量。

流径

路径要有延伸感和开阔感，石代表了山，松代表了林，“多方胜境，咫尺山林”成就了真实自然山水的缩影。“会心处不必在远，翳然林水，便自有濠、濮间想也”，园林的意境便跃然院中。

身临其境

中国文化往往是含蓄委婉的，因此在游园路径的设计上，设计师拒绝一切“平铺直叙”。其设计寻求的是一种百转千回、此起彼伏的空间节奏，通过尺度变化和氛围营造，让人与自然接触，其中空间的神秘性使人的探索欲得到激发，人的情绪也开始起伏变化。

项目地点：河北省石家庄市
用地面积：12 000 m²
施工周期：7 个月
设 计 师：邓俊君、宁 静
设计公司：广州山水比德设计股份有限公司
摄　　影：广州映尺文化传播有限公司、甄视觉（甄琦）

朝夕时

项目概况

项目位于石家庄市正定县滹沱河生态休闲公园北侧，享一线水岸资源。场地设计溯源正定千年文脉，探索从身体养生到心灵养生之道。以康养合院、禅意庭园、山水栖居等多样化场景营造，构建全能生活体系，将日常养生渗透到生活的细微之处。意图于朝夕之间养心、养生、养时光。

康养合院

正定县历史源远流长，有着众多明清古迹。场地结合正定的古建文化，将古城墙的宏伟与沉稳融于项目入口。55 m 的深邃长廊，悠远、礼序的空间节奏，和光同尘，塑造月转廊、幽帘寻远山的意境。游人行至入口，比起进入院落则更似到达一座古城。

在传统私家庭院中，山水景致一直是园林密不可分的部分。设计团队将传统的一池三山景致以现代艺术手法融于面积有限的合院中，对山景进行正面、鸟瞰等不同角度设计，使游人在各个角度都能看到不一样的山水景象。

合院中的方庭以平静的水面倒映出明亮楼宇，将场地的视觉效果放大，使有限的面积问题得到解决。池畔的地灯散发出温暖的点点光芒，照亮前路，也为夜晚的方庭增添静谧的氛围。

禅意庭园

康养栖居离不开静谧、雅致的空间氛围，而禅意便是最好的诠释方式之一。场地立足于康养、禅意，专注于当下每一分每一秒的状态、身心的体验、对家人与爱人的用心陪伴，追求艺术与志趣，感受生活的纯粹。

庭中水面与建筑通透的落地窗相衬，池水边界的灯光与室内的灯光融为一体，将室内外的边界悄然消隐。平稳安静的水面构成前景，探头而出的绿树成为中景，而散发温暖光芒的茶室则成为后景，三者相融，构成一幅静谧而温暖的禅意画面。

从室内看向方庭，落地窗将庭间山水云雾框于其间，舒适的环境与颇具禅意的美景一举两全。坐于幽谷松林间，烹茶共叙，塑造与谁同坐此、知茶共叙时的意境。

样板院落间，下沉空间塑造出静谧氛围。在充满阳光的午后，坐于院中，听水涧流淌，观树影婆娑，闻馥郁兰香，诗意的康养生活态度在此充分体现。

山水栖居

明清时期的传统私家园林常以自然雕琢的奇石指代自然山景。在项目中，设计融入了山石意象，在入口处放置大体量奇石作为入口标识。在朝夕阳光的照耀下，映衬出石块的岁月痕迹，“朝夕时”三字散发着岁月的光芒。

庭院入口工细而不庸俗，出彩却不突兀。登高穿林，闭目静听鸟语蝉鸣，漫步花雨闲庭，闻花香四溢，塑造敢安暇逸、信步闲庭的意境。

庭院之外是一段具有高差的花下山林步道。步道两侧种植着山桃、枫、竹、银杏、紫薇、海棠等具有国风气质的植物，诠释人生境界。夏时漫步其间，如踏入幽静山林，生态自然养居氛围油然而生。花期时，看漫山花雨开遍，闭目静闻花香。

在山林步道上回望，平和深远的山林描绘出一幅养园画卷，感知四时。守成归林下，携友醉花间。色叶层林尽染，增添空间意境，同时呈现生态景观养生之法。

行至园中一角，不同形态的置石将池水边界掩藏，一眼望去，水面无尽。跌水自高处而下，哗哗之声不绝于耳。绿植探向水面，与层层涟漪相望，倒映出一幅动态画卷。

方庭之间，置石以现代艺术手法堆叠成山，边界种以红枫。夏时看水雾升起，绿树倒影成荫；秋时看霜叶如火，落于水面便知秋。

朝夕之间

园林，千百年前，就是东方精致生活的栖息之地。现代园林集传统东方美学、哲学与现代艺术表现手法于一体，成为现代居民寄托山水观的精神家园。项目延续正定文化，将养生渗透到诗意庭院、生态环境、日常生活的细微之处，构建全能生活体系，为居民打造一处在朝夕之间养身心、养时光的康养天地。

怡庭

项目地点：上海市
用地面积：650 m^2
施工周期：1 年
设 计 师：潘 山
设计公司：翡世设计（FISH DESIGN）
摄　　影：潘 山、小 毅

项目概况

项目坐落于上海市西郊，庭院原本的空间形态极不规则。因此，从平面布局出发，通过梳理动线和引导视线来重塑空间是此次设计的首要任务。在此基础上，设计师希望营造出别具画面感和故事性的诗意空间，以画意造园，以“林泉之心”入园，让庭院成为一处得以亲近自然、返璞归真的小小洞天。

主体园林分为 3 个部分，空间序列由最初的碧海潮生、开门见山到烟波澹荡、泉水淅沥，直至庭院最深处峰回路转、孤山远影，整体布局山水相间，动静结合。

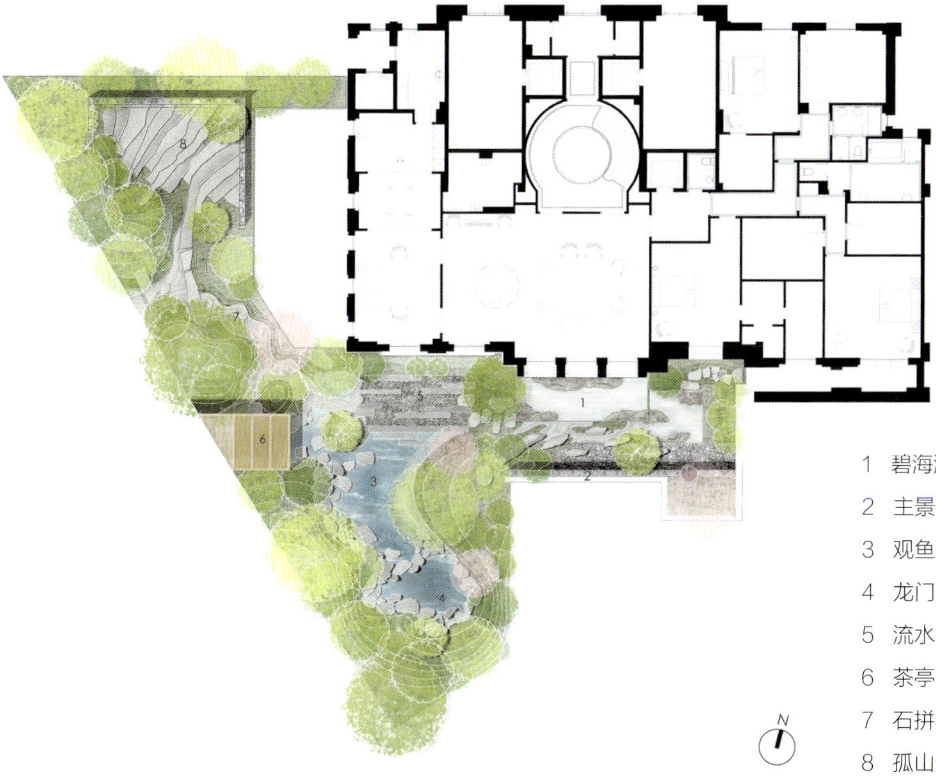

1 碧海潮生
2 主景墙
3 观鱼池
4 龙门瀑布
5 流水台
6 茶亭
7 石拼小径
8 孤山远影

总平面图

碧海潮生

透过窗从室内向外望，云奔潮涌，好似一幅“水何澹澹，山岛竦峙”的横幅画卷。云纹铺装与草坪相互拼接而成的地面仿佛苍茫水面，风吹云过，激起层层浪花，不断拍打着石岛。庭院中石的坚挺与印象中水的柔软在同一场景中融合，带给人丰富的感官体验与想象空间。

烟波澹荡

踏着翻涌的“石浪”铺装向内走，便到达庭院中心的观鱼池。这是一组日式传统园林中典型的水景营造——“龙门瀑布”，通过逐级而下的组石，营造视线和空间上的进退与开合关系。一跃而下的瀑布与周围的植物组团共同形成灵动回环的特征，与石景的力量感形成对比。

水潭之上，木结构的茶亭在空间布局上有着起承转合的作用，一方面提供了观瀑布、闻水声的驻足点，另一方面也将视线引向小径深处。

孤山远影

行至庭院最深处，漫步于曲折幽然的小径，仿佛溪山行旅，到达一处更为私密且可以静思、遐想的“山外山”。

山势在前景植物的框景与背景植物的衬托中若隐若现，明晦分别。为了营造整体效果，地面与山石侧壁采用统一的设计手法，模拟旱溪的碎石也采用同一色系，以达到浑然一体的效果。从选材到施工的过程中保留自然石材本身的棱角与肌理，模拟自然中层峦叠嶂的意境进行堆叠，以达到“山形面面观、景色步步移”的景观效果。

对石材之间缝隙的处理是此处的点睛之笔，每一条缝隙都经过了仔细考量，尽量模仿自然石缝的走势、宽窄、深浅。在较宽的缝隙处嵌以草皮、藤蔓，植物的点缀为山石注入了呼吸，也使得这一方人工的山墙石壁获得了深山的野趣与生命力。

悉昙酒店

项目地点： 北京市
用地面积： 1 800 m²
施工周期： 5 个月
设 计 师： 宋晓明、姚　洋、徐　京、张胜男、何建华、李矫杨
设计公司： 北京顺景园林有限公司、野村勘治（日本）、日建设计（日本）、北京周红亮照明设计有限公司

项目概况

项目位于北京市西郊，与千年古刹潭柘寺同处潭柘山麓之上。设计延续古村落的肌理与尺度，秉承中国传统美学理念，借鉴古典园林的精神和技法，创造融于自然的山居空间，追寻自然山水意境中的雅致与闲适，传达人追寻自然、感知自然的情感和价值观念。

优美的生态环境和深厚的文化积淀为设计赋予了独特的文化及生态基底。景观设计秉承“保护性开发，地域性创新”的理念，通过生态低介入的设计手法，因地制宜、以人为本，注重修旧如旧，保护并传承了古村落优美的自然空间格局，让场地在延绵的历史脉络中重新焕发活力。

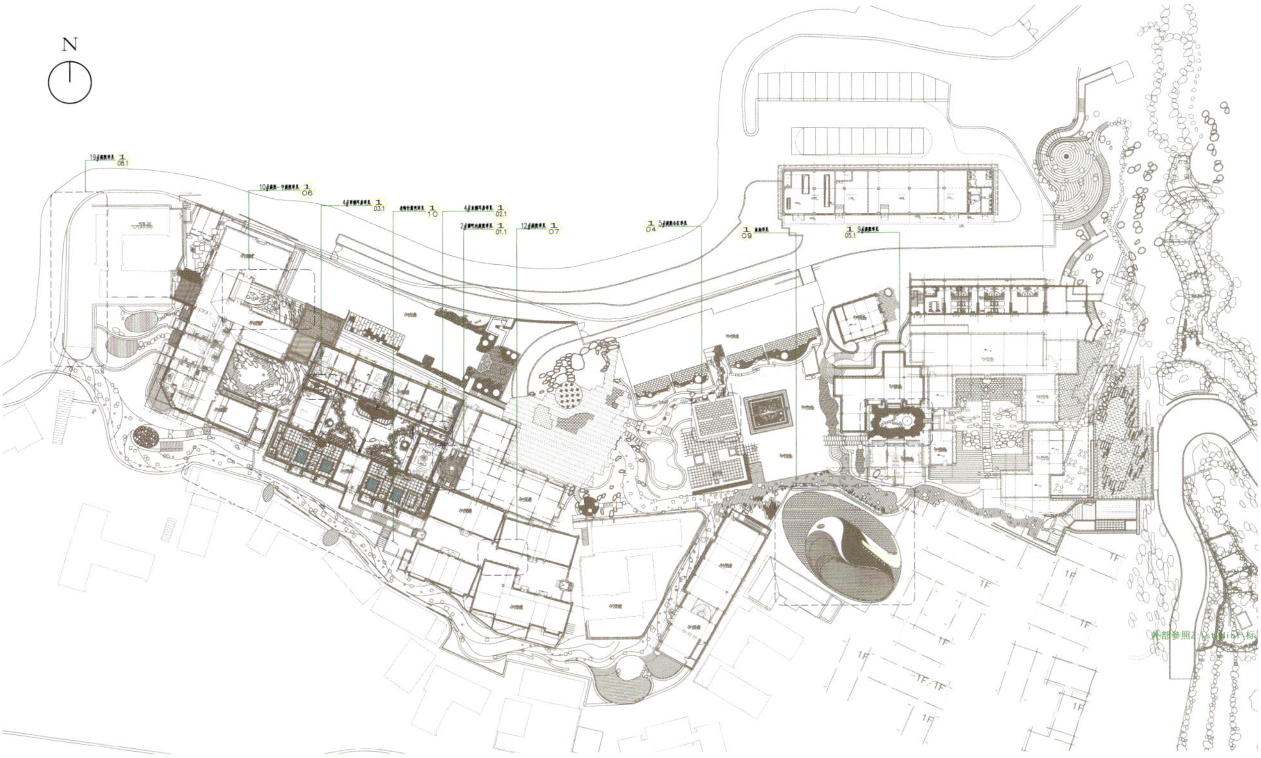

总平面图

空间营造

设计通过借、取、留、用等手法进行空间打造，力求突破原有场地的局促性，使空间感受更为深远，更能与自然融合。

借：将远山借为场地资源，融进景观画面构图。院落窗景以植物造景、建筑细节为前景引远山入画，形成深远的意境。

取：设计提取建筑的屋檐等局部细节纳入门窗等视线的框景之中，予人无限的想象。

留：原生石天然的神韵搭配植物的绿意葱翠，打造“无石不成园，境生于象外”的景观意境。

用：原场地遗弃已久的磨盘被重新利用，结合景墙营造内外两重景观，最大化地发挥它的价值，延续历史的厚重感和文化性，打造与村落共融的在地景观。

植物选择

山门处，精心选择植物的造型，让林际线呈现有节奏的变化。下层大面积铺种铺地柏等常绿植物，栽植鸢尾、牡荆、宽叶薹草、麦冬等宿根花卉，向山林自然延伸，并丰富其四季变化。

入场道路一侧山体坡度较陡，设计师没有选择传统的挡土高墙，而是通过“鱼鳞插石”的手法，利用场地内的原石层层插入山体固坡，最大限度地保留原始山体的自然风貌。通过生态化护坡减少对山体的扰动，同时结合植物，打造自然生态的山林景观。老石板路沿山势抬升，石阶曲折有度，铺装边界与种植边界自然衔接，步移景异，呈现不同的风景。

开阔的平台连接禅修室、茶空间、餐厅等休闲体验场所。充分考虑种植与各块场地之间的协调关系，营造自然景观。空间中层植物选择树形美观的羽毛枫、凌霄、柿子树、玉兰、流苏树等，彰显品质感。拓展下层绿化空间，以修剪规整的云片为主。在各处节点空间里，恰当运用树姿优美的主景植物形成场地焦点，以自然式组团疏密种植，提升美观性和层次感。

禅意庭园

枫影、秋暝、锁云、溪上几处院落景观充分利用景物的象征意义引发人们的联想，以石代山、以沙代水，将自然浓缩于院落，并通过克制与留白的设计手法，给人以禅意之美。通过景物与人的情感产生连接，传达精神意向，打造古朴幽静、含蓄深沉的空间意蕴。

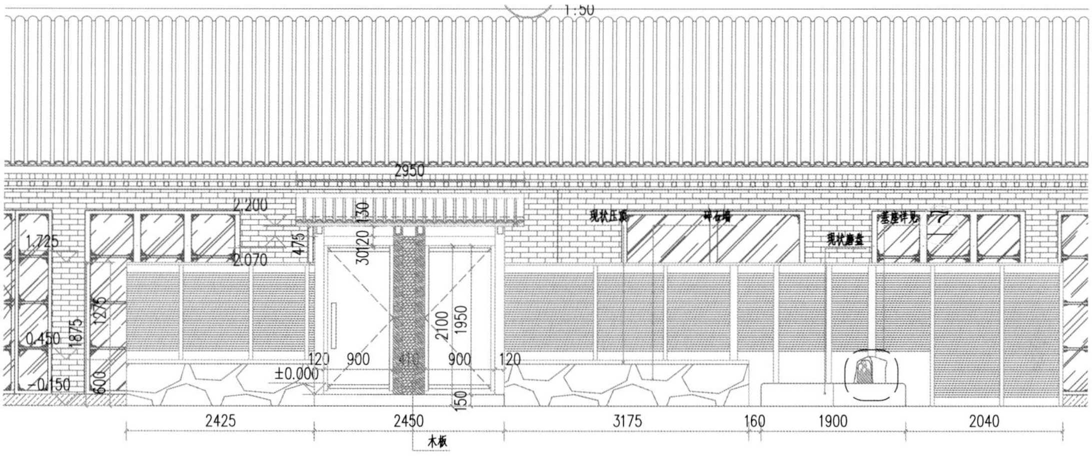

庭院立面图

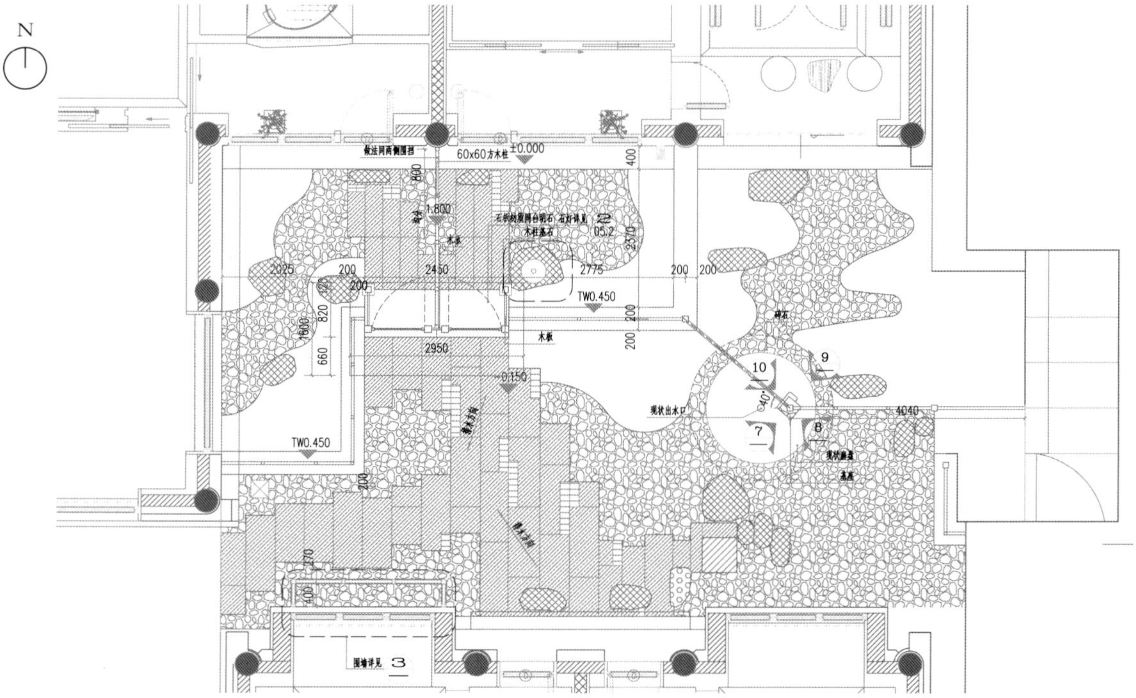

庭院平面图

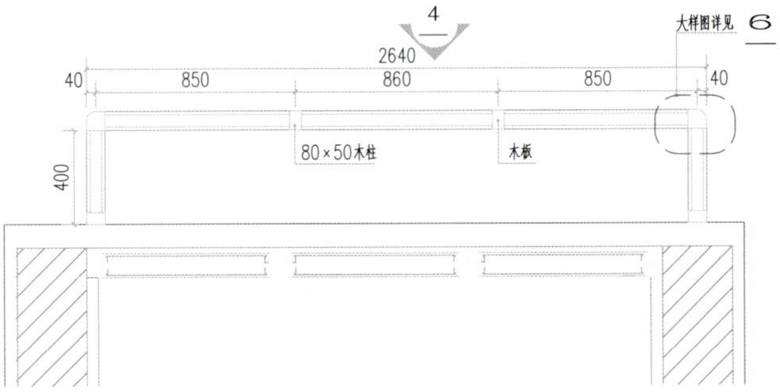

围墙详图

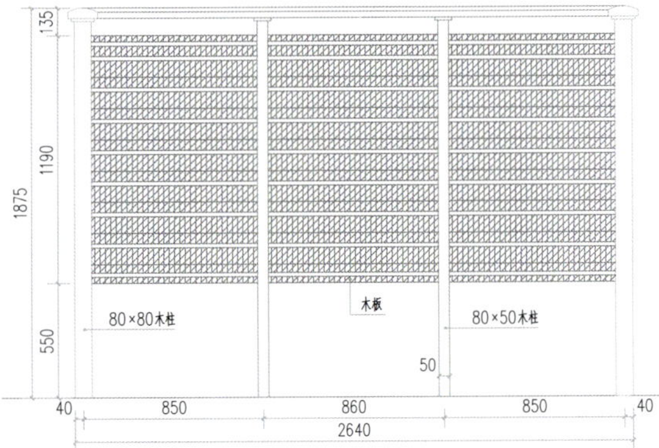

围墙立面图

与自然共生

设计秉承“空间与自然共生共融”的原则，力图从山脉、建筑、古墙、巷道、植物、山石等复杂的景观元素中提取出每个场域最具特色的设计元素作为表达重点，攫取其形制与神韵加以强化，再结合其他景观元素，构建元素间的层次关系，打造和谐统一、富有意境的景观空间。

项目地点：浙江省杭州市
施工周期：3 个月
设 计 师：庞美赋
设计公司：深圳意棠景观规划设计有限公司
摄 影 师：林 绿

云熙

项目概况

杭州古称临安、钱塘，场地紧邻良渚古城遗址公园、中国国家版本馆杭州分馆（文润阁）、良渚博物院和良渚文化艺术中心，交通便利，文化底蕴深厚。设计旨在打造汇集杭州良渚文明与艺术氛围的理想场所，强化人文及质感的营造。将良渚文化与生态资源有机结合，打造“园中园，院中院”式多重立体景观花园，实现内外功能的互补，加强景观与在地文化的延伸与联系。将景观空间划分为一府、五境、九景，设置灵动穿梭的主游园动线，优化空间视线。

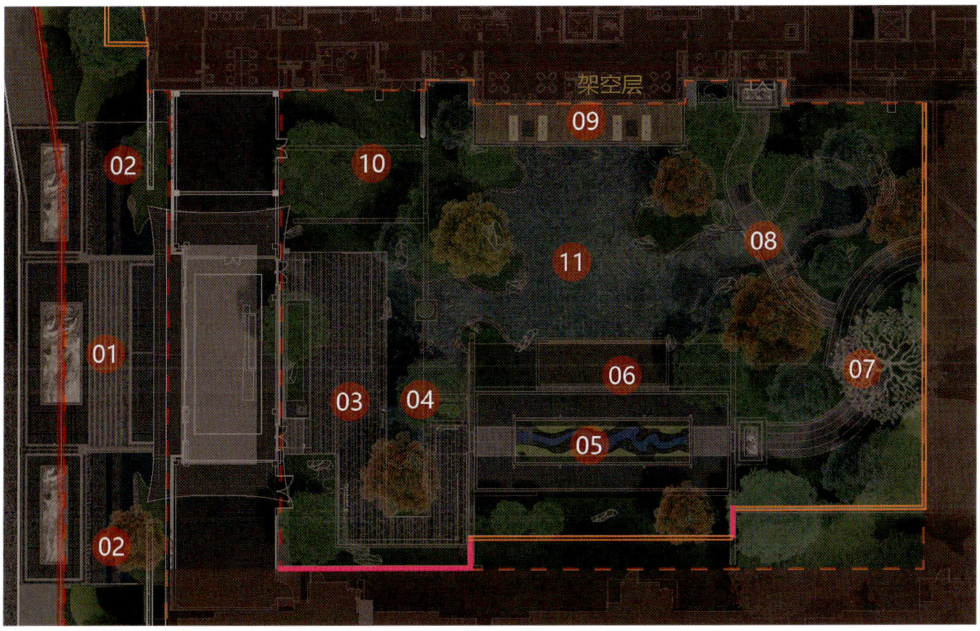

N

01 迎宾归家入口
02 仪式水景
03 休憩平台
04 文化景墙
05 光影中庭
06 冥想木平台
07 林阴漫游步道
08 艺术飞桥
09 会客木平台
10 回游漫步道
11 镜水水院

总平面图

迎宾归家入口

大门整体设计为宋式风格，简洁秀丽。屋顶传承了宋代建筑的典型特征——精巧却不繁复，简洁却不单调。

影壁前设计“跌池”，取春江秋涛之形，以造型红枫和石榴作为装饰点缀。与门前镜面水景遥遥相望，与门内巨幅山水画卷相依，尽显古典园林的虚实呼应。

文化景墙

步入庭院，重叠景墙随脚步移动层层展开。设计以杭州良渚文化的玉琮和飞鸟为灵感来源，景墙抽象式的飞檐翘角，形如飞鸟展翅，轻盈活泼；层层弧形景墙组合构筑仿若一弯弯青玉。景墙间以竖条开窗，同时引入玉琮造型的水景，在镜面水景旁聆听潺潺流水，仿佛进入一处风雅且富有诗意的世外桃源。

光影中庭

穿过海棠门，就到了三进“听禅和庭”——一个长廊、一条曲水、一处石雕，如一幅铺展的水墨长卷，每一处都散落着文人墨客的气息。一门之隔，两个天地，尽揽四时不同，方能感受方寸之间，自有天地。

穿过回廊，驻足亲水平台，涉水而坐，抚一曲千年古琴，便是对诗意的向往。品茗、对弈、听风、观澜，好不惬意。

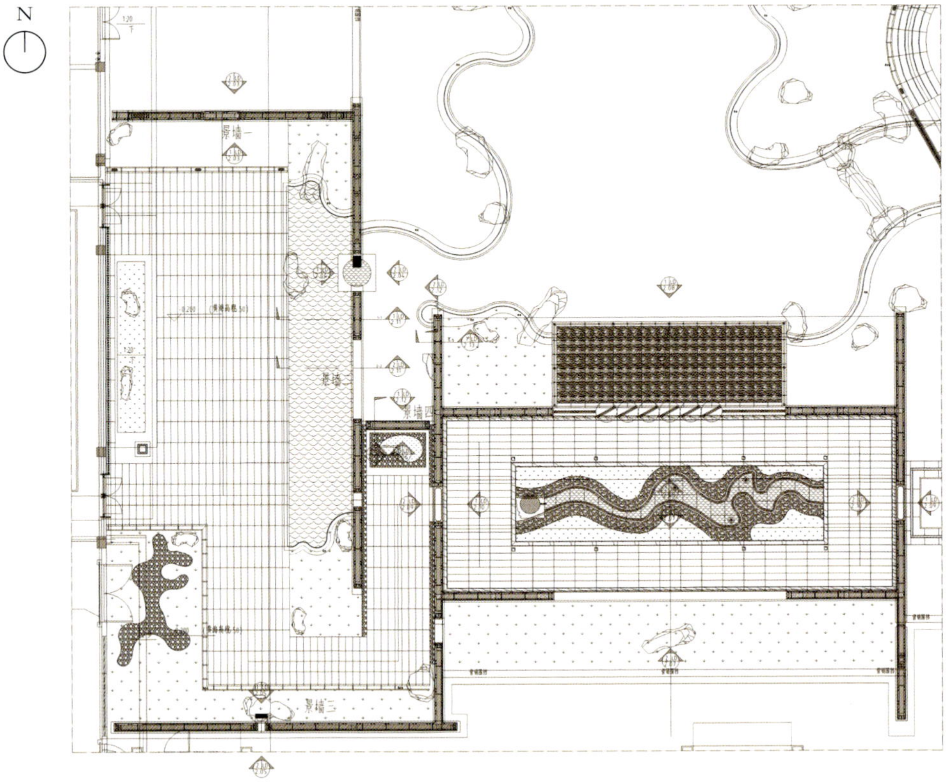

光影中庭及景墙平面图

林阴漫游步道

于幽径中行走，惬意就隐藏在此刻的树影婆娑与闲庭落花当中。禅意小径搭配石板路、小灯等小品，砾石与绿植之间点缀几块黑山石，营造植物组团空间。

归隐园

驻足平台，便可赏层峦叠瀑映于碧波池水的交相辉映之景，看亭台楼阁、树影流石，错落有致，涌起的风撩拨着湖水，日光从树梢流淌而下，在苍翠里随意游弋，尽显禅境诗意之美。

设计师构思草图

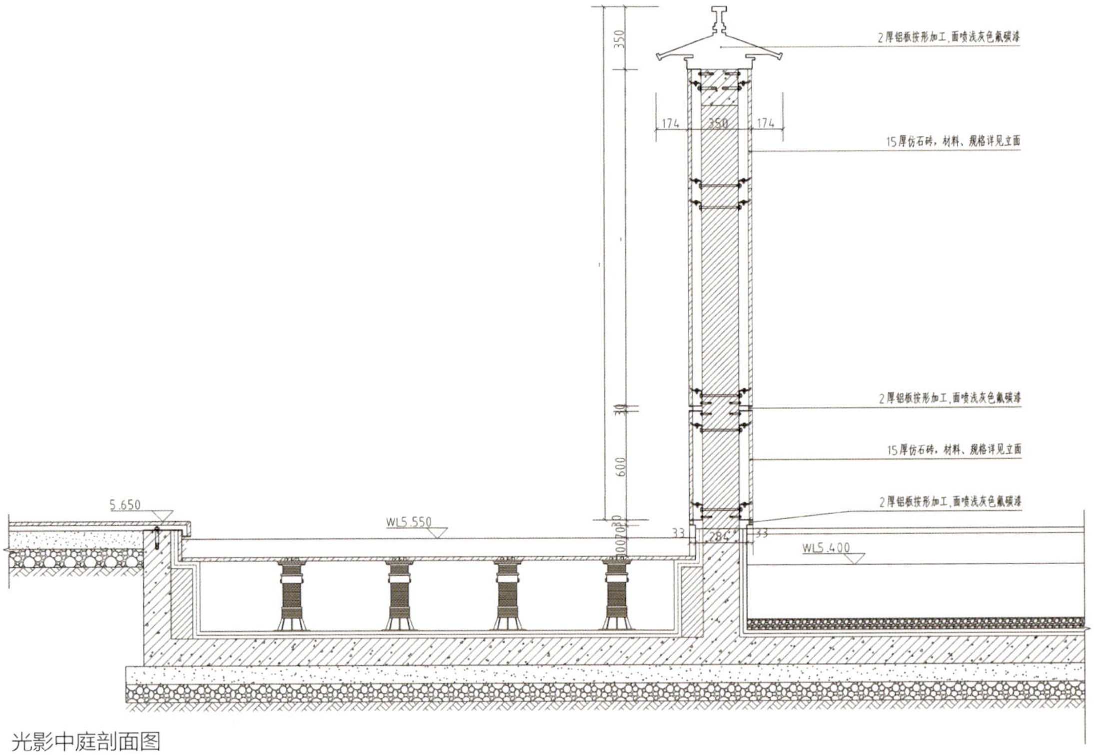
350
174
350
174
2厚铝板按形加工，面喷浅灰色氟碳漆
15厚仿石砖，材料、规格详见立面
2厚铝板按形加工，面喷浅灰色氟碳漆
15厚仿石砖，材料、规格详见立面
2厚铝板按形加工，面喷浅灰色氟碳漆
600
5.650
WL5.550
WL5.400
33
284
33

光影中庭剖面图

项目地点：江苏省南京市
用地面积：900 m²
施工周期：9 个月
设 计 师：金建新、金　也、陈胜利
设计公司：南京金石景观设计有限公司
摄　　影：Holi 河狸－景观摄影

九间堂

项目概况

项目位于南京市江宁区康厚街，虽未避市侩之嚣，但亦有陶渊明的结庐人境之趣。不同于样板庭院的林泉高致之师古手法，设计采用更契合建筑气质的现代手法，结合当代崇尚的东方意境去塑造景观，从建筑、人和环境出发，思考场地和建筑，以及现代人居的关系。最终营造一种极具东方意境之美的景观，又不悖于现代人居生活所需的庭院生活，两者和谐统一，相得益彰。

项目为改造设计，业主全权委托项目组进行设计和落地。在重新梳理场地关系及与业主沟通后便大刀阔斧地进行了改造，把原有场地中建造的廊架、假山跌水全部拆除，重新定义场地的竖向关系。

入口景观

以障景及漏景的手法塑造入口景观，中心庭院的近建筑空间做下沉式处理。同时在整个项目的中心轴线位置设计一个圆形的镜面叠水，取团圆、和谐圆满之意，这也是对业主新宅落成后未来生活的美好祝福。

空寂茶室

项目组在中心庭院东侧设计了一间茶室，临鱼池，亦和建筑形成对景关系。茶室参考隈研吾的建筑风格，且遵循茶道中的侘寂风格建造。茶室虽自成一景，但坐在其中，亦可向周围借景。

茶室窗户为双层结构，外层为金属边框的玻璃移窗，内层为传统柳条式格扇窗。屋面外层为氟碳涂层的金属板，中层为木工板贴防水卷材，底层为聚氨酯保温板。顶面材料之间做空腔处理，起到隔热保温的效果。

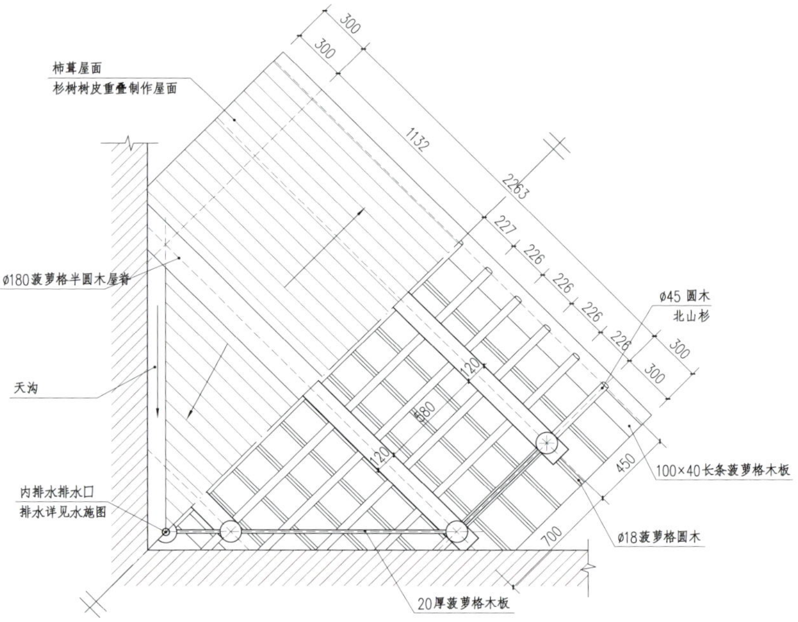

茶室屋顶平面图

庭院深深

庭院北部空间地势较高，视野开阔，冬季日照时间相对较长，适合作为家庭活动空间，故北部空间以大面积的草坪为主。同时在西侧设计木平台休息区，可放置秋千或休闲桌椅供家人、朋友聚会休闲之用。

庭院自南往北，由入口小巷视线的“收”，到中心庭院的豁然开朗，空间层层递进，地势往北而高。北院围墙设计月洞跌水景墙，围墙外有高大毛竹作为背景，景墙一侧植罗汉松。在庭院东北角，原有一株芭蕉，项目组在此处设计了一座草亭。江南梅雨季较长，彼时端一杯清茗坐于草亭，在江南烟雨中，听雨打芭蕉，品六朝古韵。

西院属于窄长型空间，设备与天井又占据了大部分空间，故项目组在西侧院的设计中采用了日式园林风格造景。

空间布局

设计组在整体景观设计中采用了古典园林的游园空间结构，利用高差设计增加园林的竖向变化，拉长游园路线，设置节点景观来营造以小见大的空间感受。以常绿、开花、落叶乔木或灌木营造空间的季相变化，达到四时之景不同、年年之景更胜的效果。在造景中，运用了障景、漏景、框景等手法，同时也借用了日式园林、现代园林风格元素与整体空间相融合，打造一种具有东方园林意境的景观空间。

项目在平面构图中，大量运用了代表东方智慧的“方”与“圆”的几何平面构图，它蕴含着东方文化的精神和独特的空间意识。“方”在整个园林景观设计中亦是项目组对场地精神的理解和表达，而“圆”则是对园林主人生活美好的祝福。

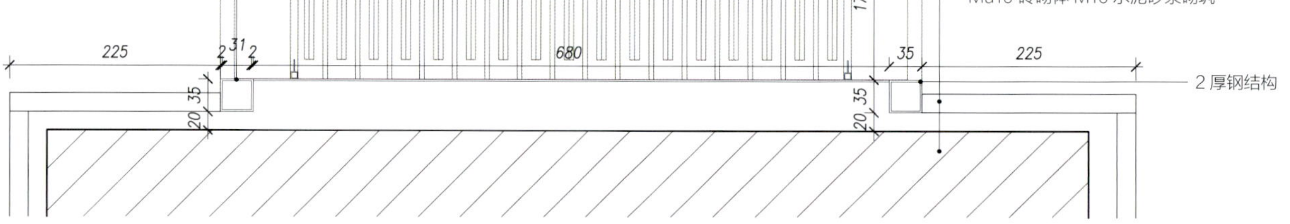

庭院灯结构大样图

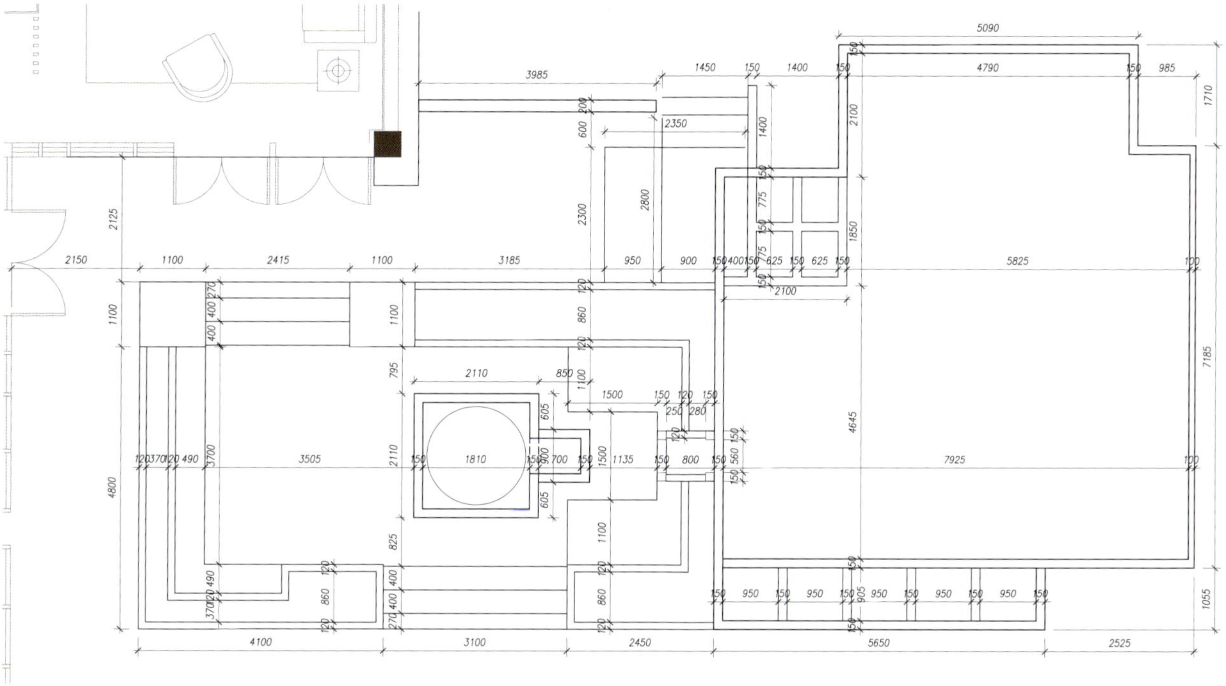
5090
3985
1450
150
1400
150
4790
150
985
1710
2350
2800
2300
2125
2150
1100
2415
1100
3185
950
900
5825
2100
7185
2110
850
1500
4645
3505
1810
700
1135
800
7925
4800
3700
950
950
950
950
950
1055
4100
3100
2450
5650
2525

下沉空间及水池平面图

金沙东院

项目地点： 河南省商丘市

用地面积： 5 500 m^2

施工周期： 11 个月

设 计 师： 彭万里、张子龙、桂梦华、高宇嘉、陈景荣、肖丽凤、陈 灿、荣雯静、黄景柱、徐燕婷、孙一强、罗小波、姜 辉、赵中喜、何俊伟、秦杨冰清、廖小琴、李秋霞、张 渝、刘 霖、谢 敏、李 健、陶三春、王 涛

设计公司： 重庆道合园林景观规划设计有限公司、广州山水比德设计股份有限公司

摄　　影： 三棱镜摄影、苏唐诗

项目概况

项目地处商丘市梁园区，左拥日月湖，右揽包河自然景观，距离商丘古城 7.5 km，自然环境优越。交通比较便利，靠近火车站，商业、学校、医院配套设施完善。整体结构为“一轴”和“四象”。一轴以书院文房为线，结合自然水轴线；四象承文人志趣，匠造雅致全区。

物境、情境和意境是东方审美的三个层级，是中国造园智慧的结晶。物境求真、情境慰心、意境畅神，既是一种价值观，又是一种方法论。

物境——物之语意

物境即物象，是神韵的外化表象，也即自然景物带来的视觉体验。

置石大巧若拙，质朴求真。石材原表皮不加雕饰，让石头按照原来的方式存在，人工为自然让道，呈现自然美感和独特性。

理水师法自然，临摹自然溪涧，循蜿蜒脉向，仿行书体笔法，形成铺石、水池和流水的脉络路线。

情境——体悟场景

情境，即人景交流的场景，是一种场所体验感，涵盖场景、人物、氛围、时间、气象等多方面的人景交互。

门楼外严内逸，形成高墙深院的尊贵感和领域感。

礼仪中轴两侧建筑相距仅有 25 m，空间较为局促，压迫感强。设计师打造 11 m 宽的回廊，并结合 3 m 高的顶棚，有效避免外部视线干扰，引导视线朝向中心的书卷水景。通过创造视觉焦点，再加上外围景观形成漏景，从而减轻空间压迫感。高墙深院、四水归堂、书墨洗心池、抄手游廊等建筑要素被巧妙地融入其中，通过虚实结合的墙体设计，形成了递进式的礼序空间，营造出归家的仪式感。

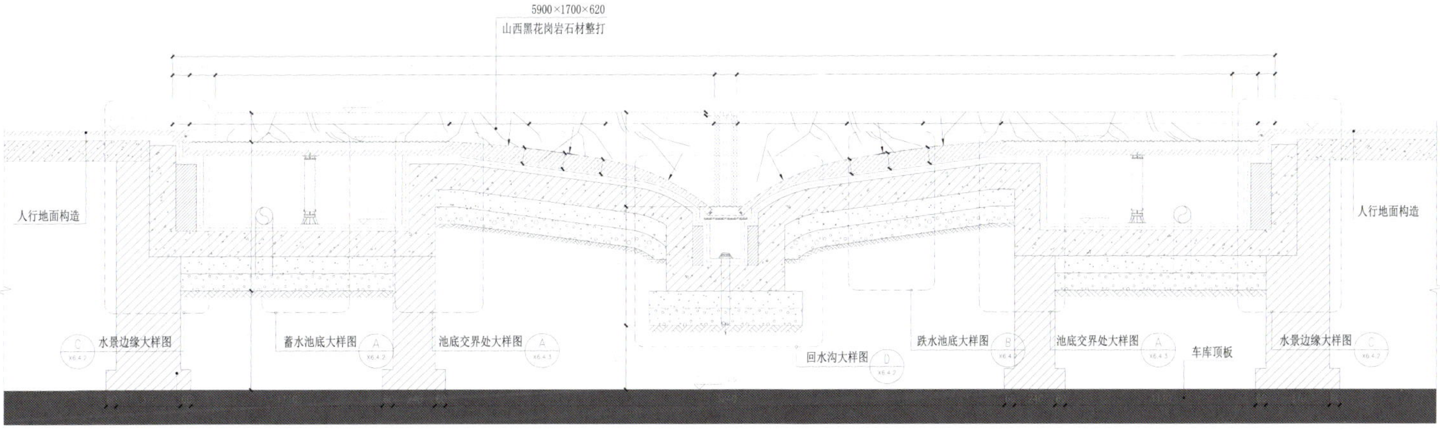

水景剖面图

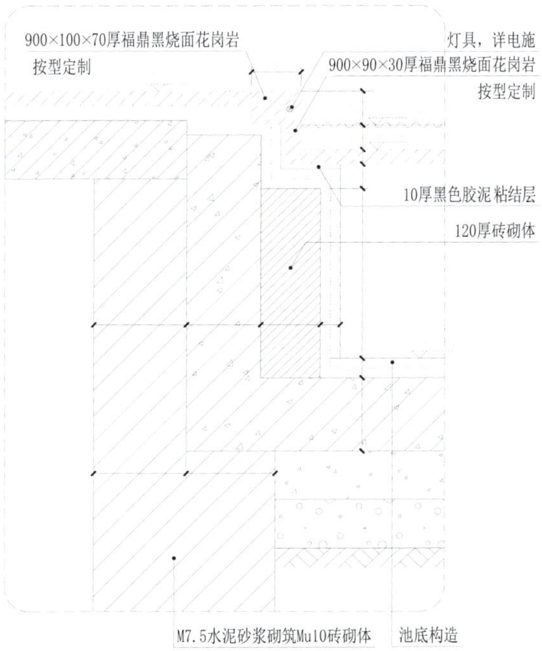

水景边缘大样图

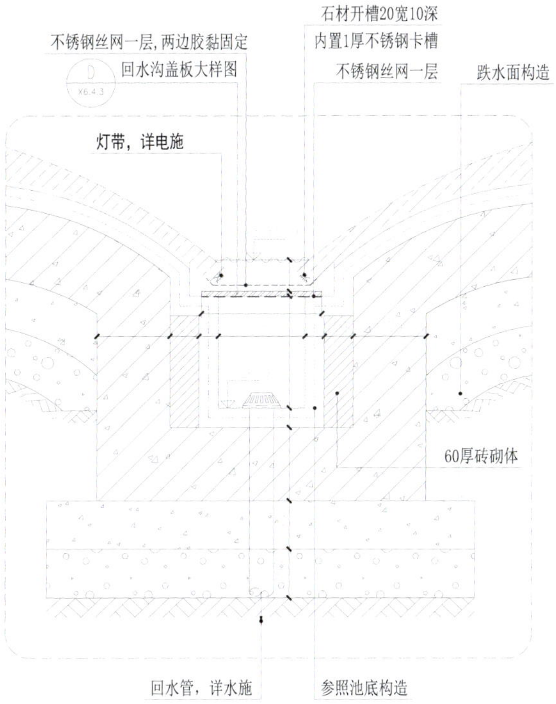

回水沟大样图

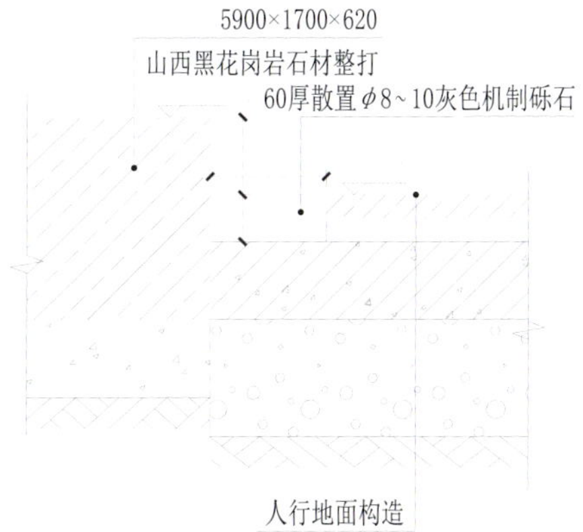

水钵交接处大样图

水庭院：创造不同礼仪轴线的空间，营造自然轻松的氛围。鲤鱼池通过临摹自然曲线的设计，增加了互动和观赏的体验，为整个空间注入活力。将私家花园的平台设计延伸到水景，平台与水景的结合使得水景既具有公共性，为访客提供观赏和休憩的场所，又具有私密性，为居住者提供一个与水亲近、放松身心的私人空间。溪涧贯穿整个后花园，入户门前架设小桥，为归家增添了一份仪式感和归属感。

山庭院：设计师将山水引入下沉庭院，利用地势的高低差，将山势巧妙引导而下，并形成一道瀑布，山水交融，宛如一幅生动的画卷；将会所延伸至地面，营造 360° 观景回廊，将桥、廊、亭、榭等元素融入其中，丰富游园体验。

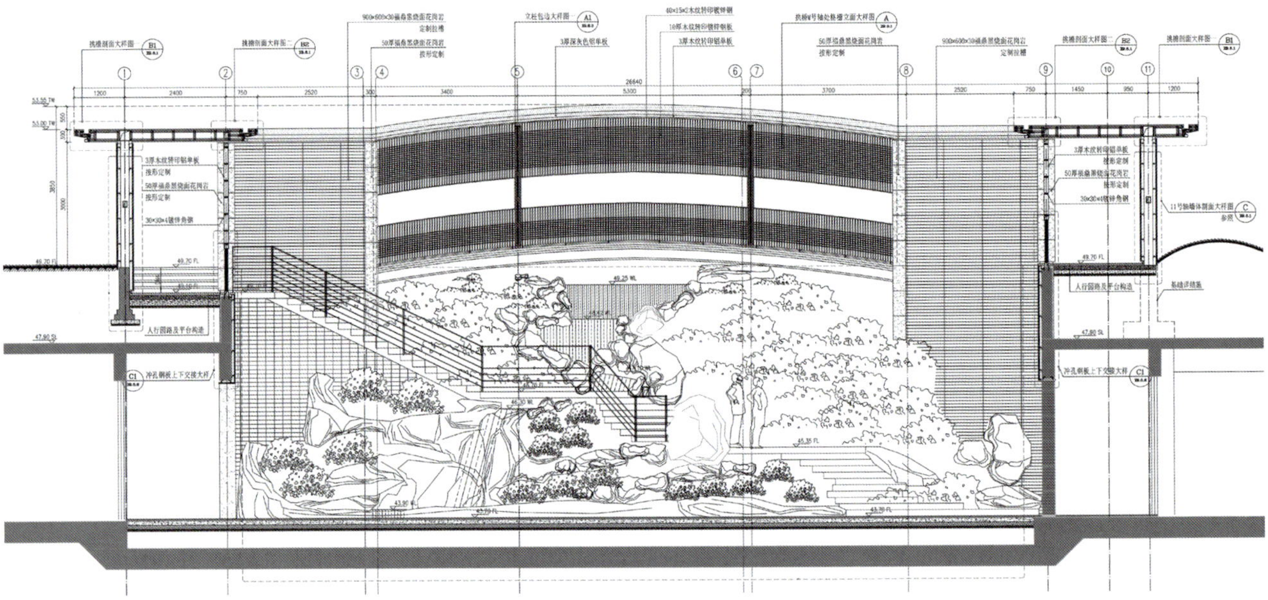

连廊剖面图

意境——共情入心

意境，即为意象，是精神与情感的升华，一种不可被完全定义的精神之美，也是中国造园的审美追求。意境具有先验性，东院造园之始即以创造外严内逸、宁静文雅的心灵港湾为目标，让业主回家后可以远离城市喧嚣，读书看画、见山知水，享山水半隐之乐。

古典东方

泷悦雅颂
书香府
凤栖梧桐
和著

泷悦雅颂

项目地点： 江苏省南京市

用地面积： 2 300 m^2

施工周期： 3 个月

设 计 师： 赵卓毅、杨　华、张美英、燕成征、易术中、李星辉、张绍璇、杨泽茂、刘志聪、田静静、胡　杨、杨　利、武立姿等

设计公司： 北京顺景园林有限公司

摄　　影： 金峰团队

项目概况

项目位于南京市栖霞区，延承宋式美学精髓，用现代语言艺术重现宋风之境，于山水烟霭中以画造园。设计从《溪山秋色图》中提取自然基底意境，以一进登门、二进游园、三进府居的三进归家礼制延续古人风雅，以现代视角阐述宋式溪山雅境的脉络，营造“三进归家、九章雅韵”的宋式园林氛围，将建筑景观艺术完美融合。秉承中式园林以小见大的造园手法，唤醒人们对东方园子的场所记忆。

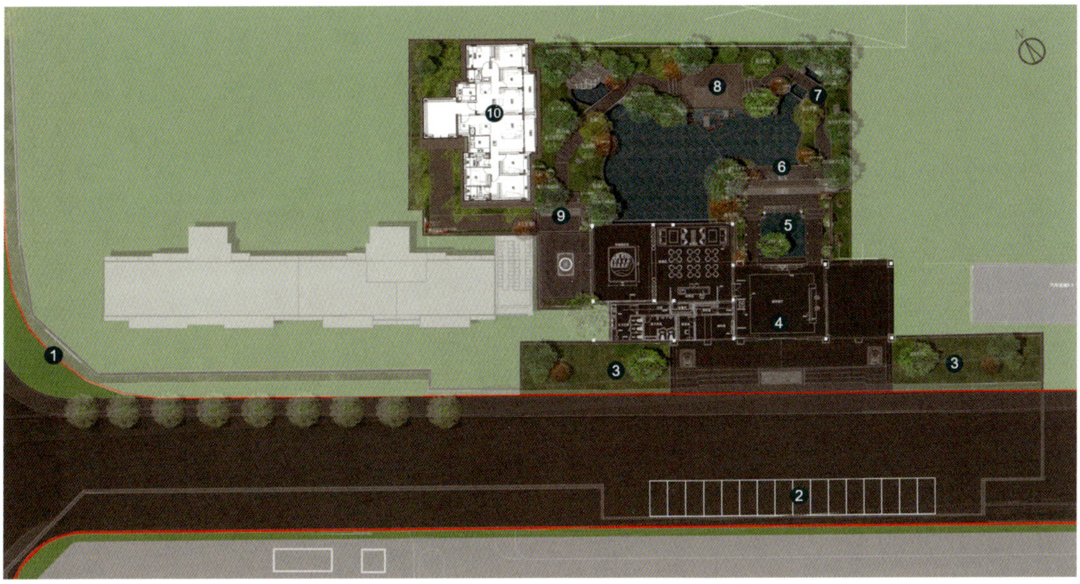

1 仪式景墙
2 停车场
3 迎宾景墙
4 入口空间
5 四水归堂
6 观景台
7 蜿蜒步道
8 展馆
9 侧院门
10 样板房

总平面图

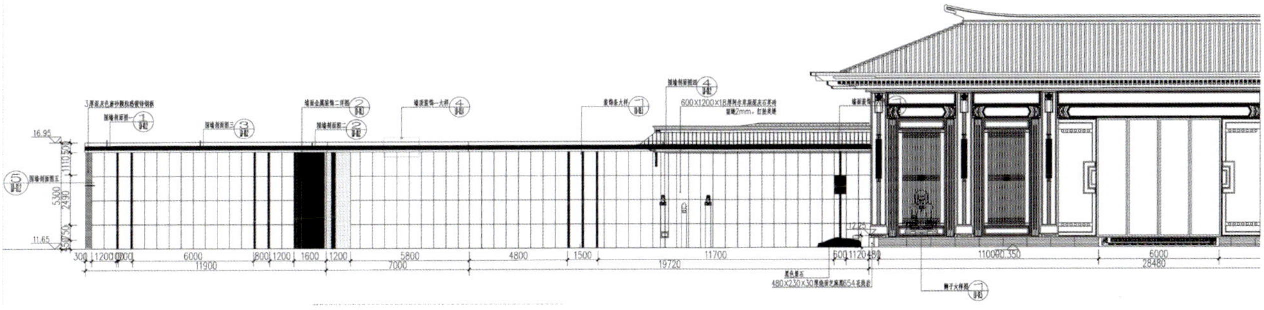

入口大门区域立面图

一进登门：临礼序之府，展华章之雅

延续宋代礼序形制，登门望府。府门两侧青松取自《汉宫秋图》之意境，演绎松风迎客的君子清韵，步履间亦景亦礼。

步入门厅，以自然庭院为对景，以海棠门的中空轮廓为画框。流转间，松与石和鸣，仿若“一池三山”之风华。飞檐翘角，银水入院，次第展开，以传统造景手法营造“满园春色入画中”的意境。

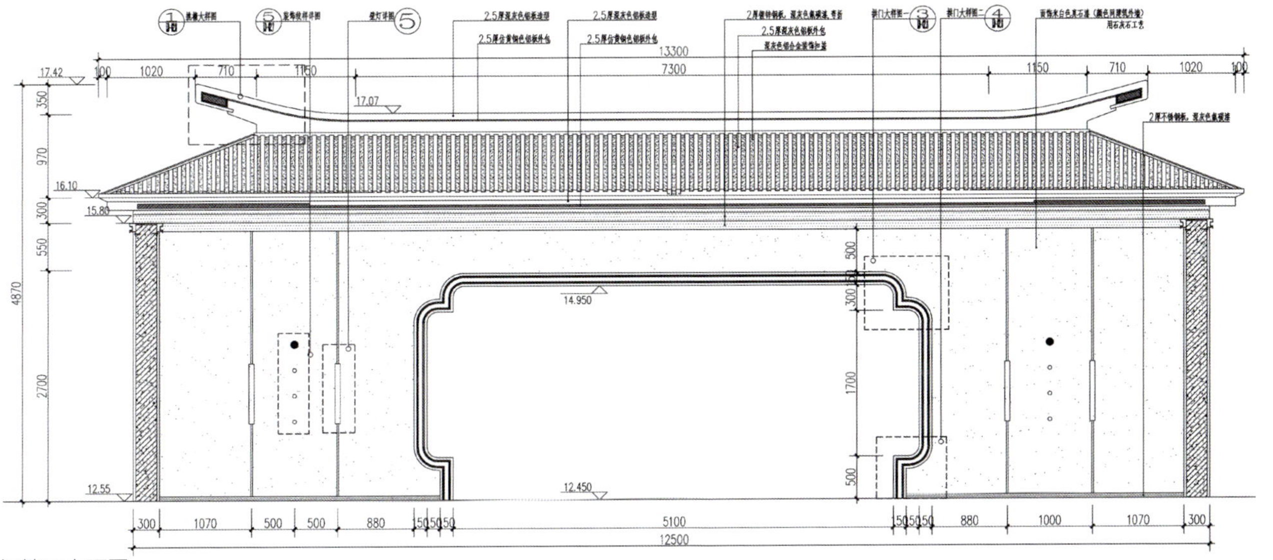
13300
7300
12500
5100
14.950
12.450
17.42
17.07
16.10
15.80
12.55
4870
2700
1700

门楼正立面图

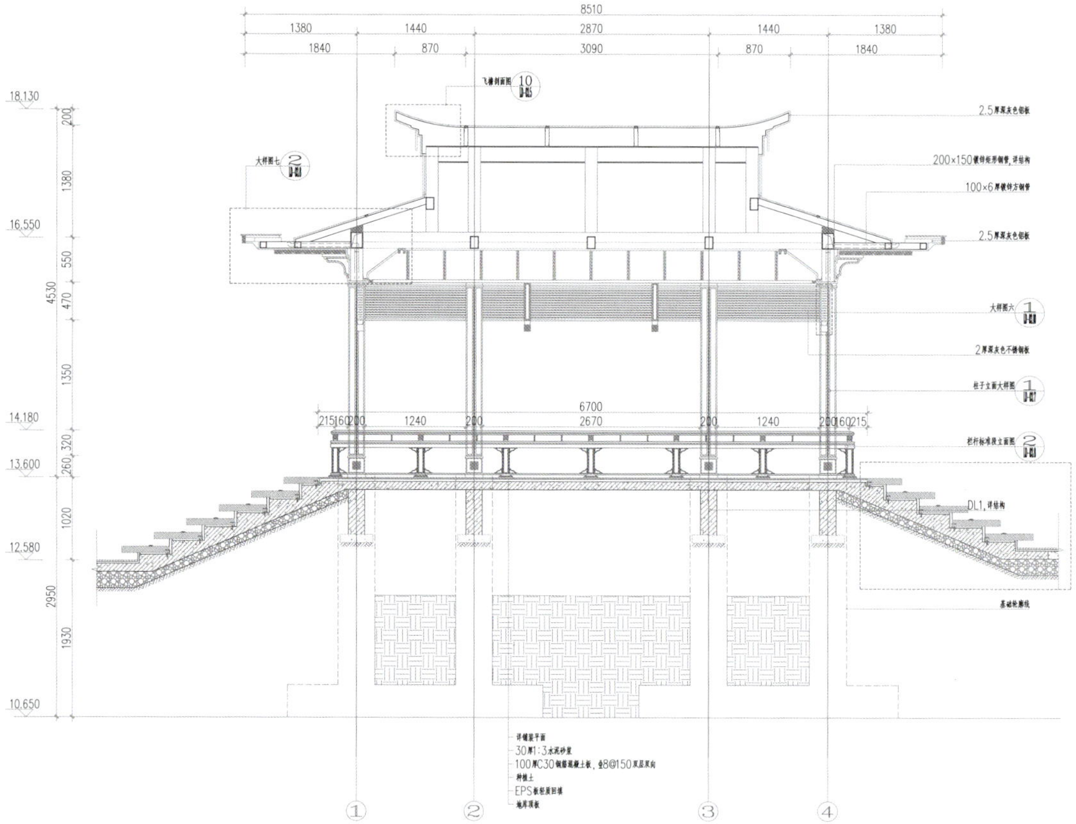
8510
1380
1440
2870
1440
1380
1840
870
3090
870
1840
飞椽剖面图
大样图七
2.5厚深灰色铝板
200×150镀锌矩形钢管，详结构
100×6厚镀锌方钢管
2.5厚深灰色铝板
大样图六
2厚深灰色不锈钢板
柱子立面大样图
栏杆标准段立面图
DL1，详结构
基础轮廓线
6700
1240
2670
1240
18.130
16.550
14.180
13.600
12.580
10.650
4530
2950
详铺装平面
30厚1:3水泥砂浆
100厚C30钢筋混凝土板，⌀8@150双层双向
种植土
EPS板轻质回填
地库顶板
①
②
③
④

景亭剖面图

二进游园：入咫尺之境，观天地乾坤

从海棠门步入园中，水墨画般的清雅之境展卷于眼前。曲径通幽，静水涟漪，鱼鳞石片铺于池底，自然厚重的纹理与建筑相得益彰。光影交错，仿若置于清雅之境，回归自然。亭台水榭，深度还原宋式建筑细节，在“满庭芳”中倚栏抒怀，酌半盏清茶，赏画亦入画。

三进府居：见幽逸之景，览屋宇风雅

林木夹道、树影婆娑，流转间，忽见院门。过门而入建筑空间，窗仿若一张宣纸，满目青翠渲染开来，一泓清水跌翠石，数声鸾鸣绕阁生，梦回千年雅宋。

打造生活庭院的闲适感，建筑掩于幽竹径里，闲庭雅居、光影婆娑、虚实幻境，营造隐世雅居的归家氛围。

精研细节尺度，绘制宋代极简之美

特有的宋风元素将隐于历史的雅韵连接至今。提炼特色的宋式文化细节，将传统纹样、诗句、字画进行艺术化的演绎凝练，如鱼鳞纹、如意纹、五福捧寿、海棠门和梅花绣眼图等。精工于铺装、水景及景墙等景观细节，在体现传统园林的空间中，结合现代景观设计手法，书写当代生活。

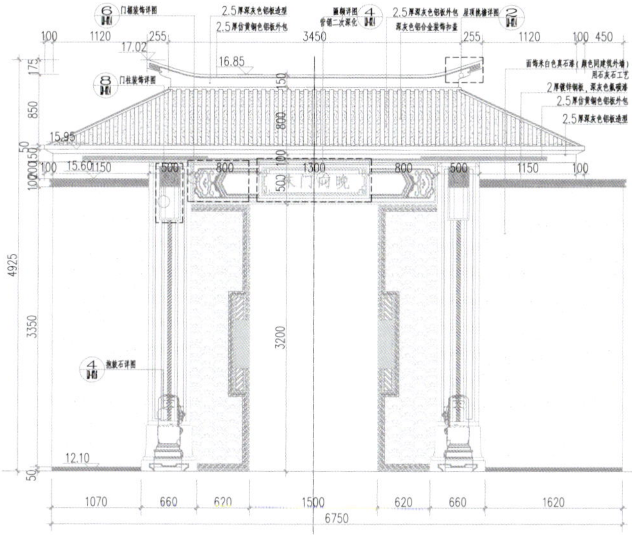

院门正立面图

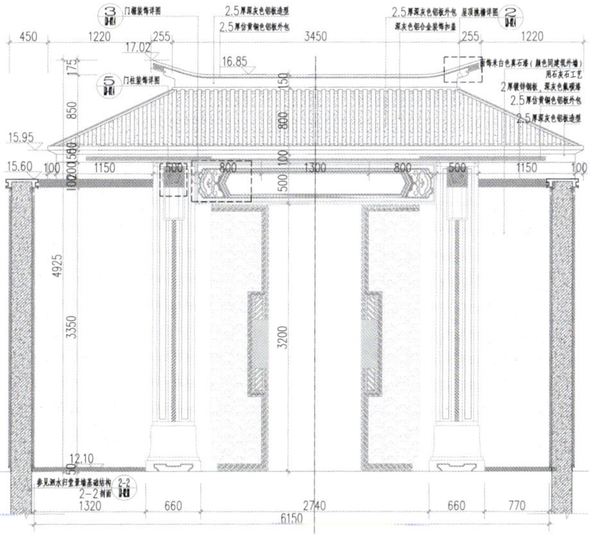

院门背立面图

项目地址：重庆市
用地面积：4 967 m^2
施工周期：5 个月
设 计 师：庞美赋
设计公司：深圳意棠景观规划设计有限公司
摄　　影：林　绿

书香府

项目概况

巴渝自古系水陆交通要冲，民风淳朴，鳞次栉比的建筑依山傍水而建。项目东临嘉陵江和次干道，南临绿地和居住区，北临支路，景观资源良好。

设计方面，打造具有重庆城市文脉与自然特质的理想场所，师法苏州现存唯一的书院园林——可园。以水池居中，布局疏朗，紧扣一个“水”字，颇有妙趣。推开园门，步入门厅，映入眼帘的便是一泓碧水。由深入远，划分为三进空间，分别为“青云阶”“三声园”和“沧浪之水”。

01 门庭
02 青云阶
03 停车场
04 入口水景
05 三声园
06 登科梯
07 沧浪之水
08 洪儒桥
09 扶摇亭
10 连科廊
11 样板房小庭院

总平面标注图

一进空间：青云阶

“峻峺门庭老末山，清风凛凛固难攀”，庭院深深，道不尽东方意蕴。广场两侧以砾石结合草坪做微地形处理，营造枯山水景观。中轴为一条跌水景观，细致拼接呈现出绰约肌理，出水平顺均匀，居者可伴其拾步而归。

青云阶造型取自“一路连科”纹样，寓意金榜题名。穿过层层阶梯，山水景观如同画卷徐徐展开，别致房舍隐现于花木和叠石之间。

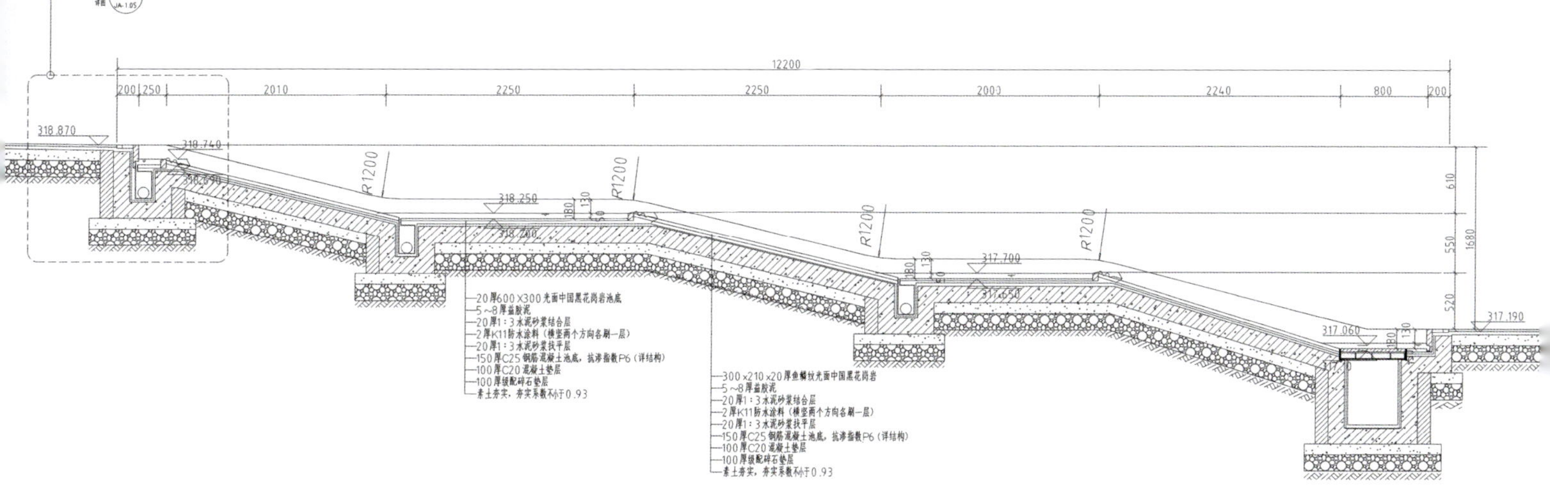

青云阶水景剖面图

二进空间：三声园

四水归堂的院落形式晴雨两宜、四时皆景，尽显中式院落之美。其屋顶呈斜坡形式，且坡面斜向院内。下雨时，雨水自屋檐滴落在地面，源源不断地流入院内。

开合有序、丰富多变的空间形式，即使是方寸天地，精心构建后也给人一种“别有洞天”的奇妙感觉。回廊和天井穿插往来，亭临水而居，太湖石环绕着水池堆叠。登高而望，可览山水园景之趣，品园内恬静之味。

既出，可见一条蜿蜒长廊临墙身于湖畔。园中地势高低起伏，绿植掩映间，可感受步移景异的园林意趣。

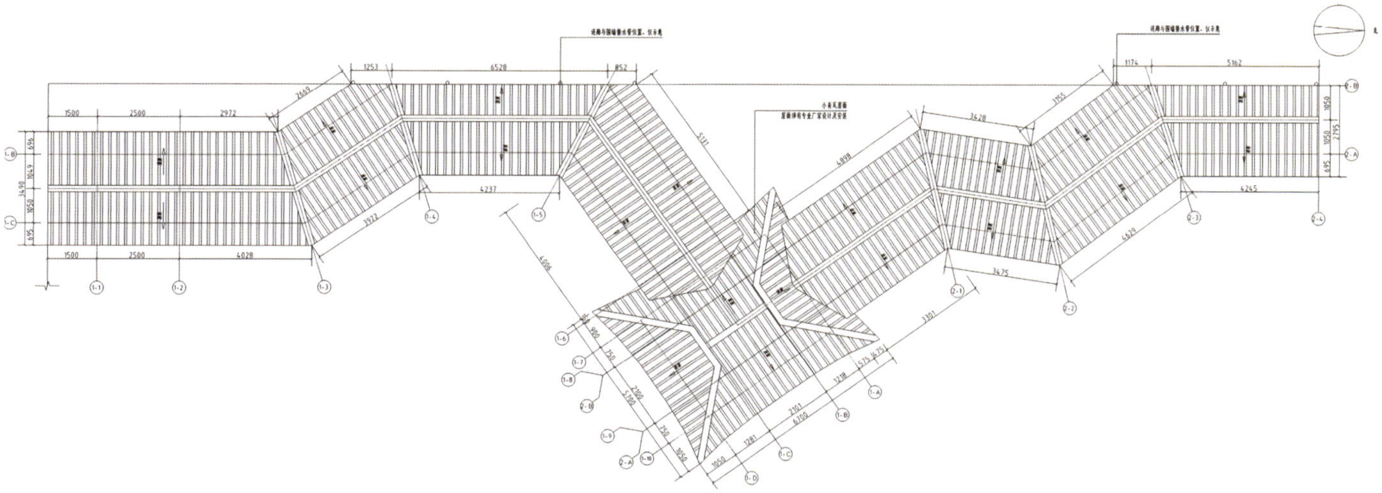

连廊顶平面图

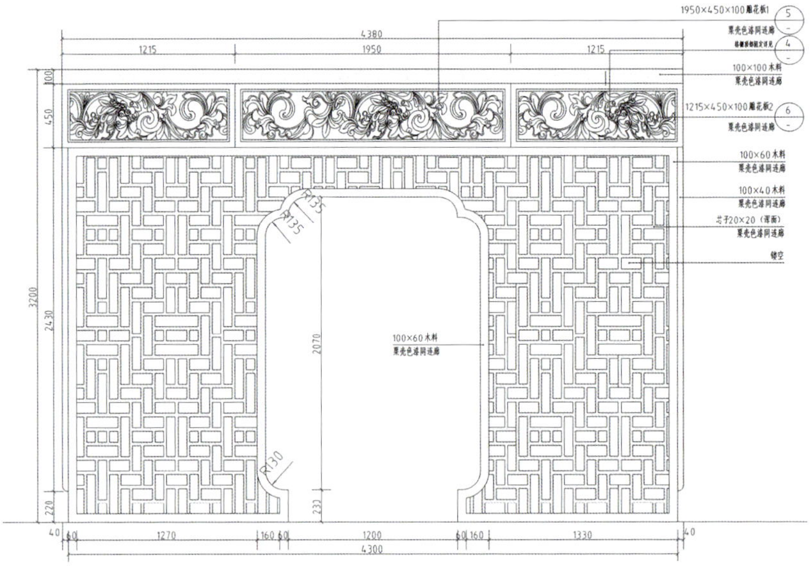

格栅海棠门立面图

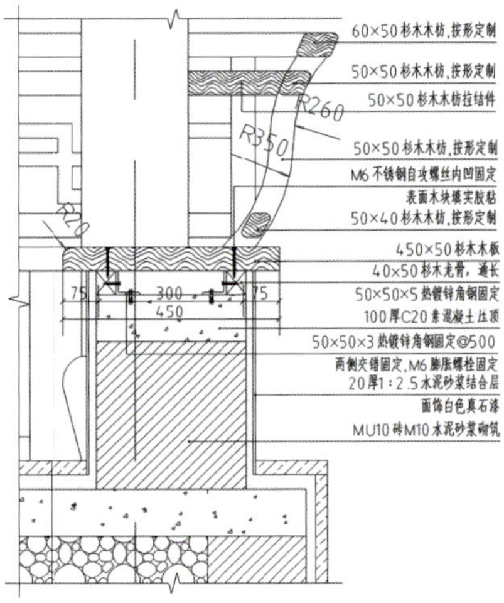

美人靠做法大样图

三进空间：沧浪之水

松壑与清泉、石岩层叠。三株苍松之下，有一亭独立，名为“扶摇亭”，亭前有一汪碧水。扶摇亭精雅而小巧，但在整个园林布局中，起着借景、组景、纳景、引景和框景的重要作用，增加了景物之间的穿插、映衬和渗透。

松树的后面，泉瀑之上伫立着石桥，宛如一幅山水画，成为对岸独享的诗意画面。设计采用岭南园林经典造型红跨绿廊桥与苏州古典园林中少见的小飞虹廊桥结合打造，人立于桥头，每个角度都有景可赏。

设计中利用假山、回廊、窗、景亭将园区景致进行串联，再利用植被遮掩，为景观营造一种“犹抱琵琶半遮面”的感觉，让游客想要一探究竟。

重重院落间，亭、廊、桥、榭逐一迭现，构成完整而生动的流通水园。水以置石堆岸，随山石走势配置精巧植物，营造充满自然野趣的精致庭院。

项目地点：江苏省苏州市

用地面积：约 60 000 m^2

景观设计：伍道国际

摄　　影：孙圣喜

凤栖梧桐

项目概况

本项目位于苏州市吴中区环湖路与郭津路交会处，落户苏州古城，侧临尹山湖。其社会公共服务设施配套完备，交通便利，视野辽阔，畅享苏州巷陌城景，是集生态、景观、文化于一体的休闲度假式低密度高端社区。

设计将苏式意蕴与唐代建筑风格相融合，加上现代设计语境和施工技艺，使居住环境更精巧、繁复、曲径通幽，让方寸之地回环往复，步移景异。

“苍松翠竹真佳客，明月清风是故人”。高远者，巨峰壁立，壮丽浩莽；深远者，层层透措，溪谷幽深；平远者，山水连绵，苍茫辽阔。以画理为循依，融画法于造景，于“空间园林”立“画幕三远”。主入口偕同中心景观区勾勒出空间三进序列。

1 主入口
2 集散广场
3 小院
4 连廊
5 水池
6 六角亭
7 曲桥
8 次入口
9 小巷
10 人行出入口
A 醉石堂
B 悦木厅
C 繁星院
D 浅云居

总平面图

一进：粉墙黛瓦、高门大院

“明日上，近环山翠，远摇天碧”。以中轴为骨，层层铺锦列绣。一眼所望，天地宛在画框中，水上露光，隐含园林旨趣，直取生活静谧。

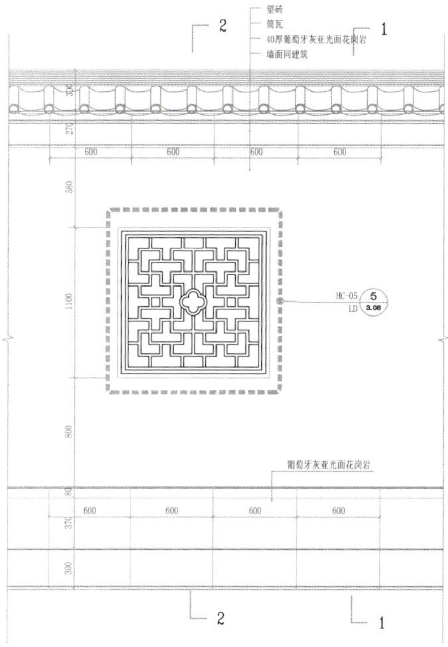

围墙立面图

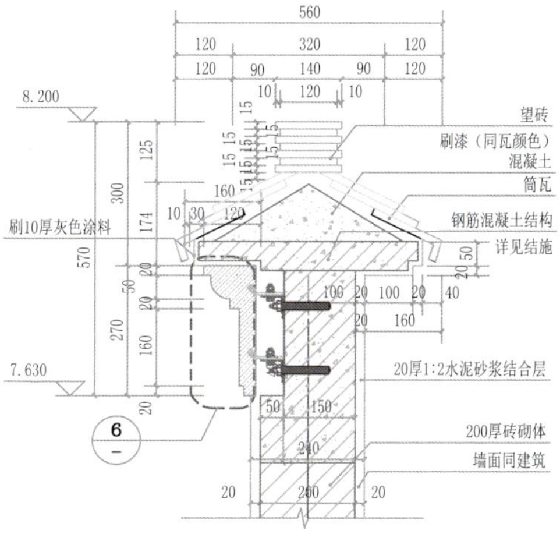

围墙顶部剖面图

二进：豁然开期、壶中天地

“花随石壁高低发，水绕茅檐左右流”。境藏悠远，方成景幽；廊道曲径，扑朔咫尺园林；自然盘曲，雕绘灵魄皱痕。

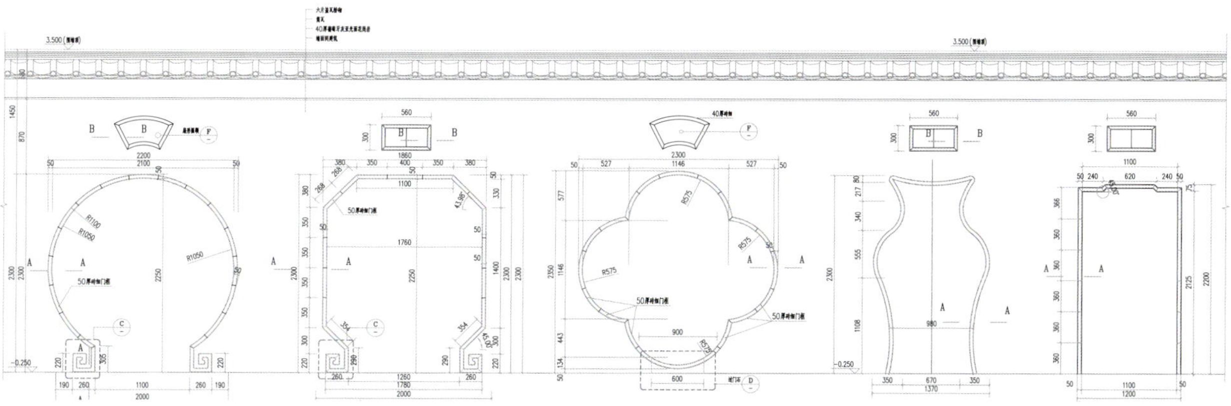

月洞门洞立面图　　八方形门洞立面图　　海棠形门洞立面图　　宝瓶门洞立面图　　方形门洞立面图

三进：畅享游回、曲径通幽

“野水接云横。绿烟啼晓莺。江南鶗鴂梦。山色朝来重。”无远弗届难堪人生辽阔，山水巷陌之中，寻得一处开敞之地，可载日常闲事，便是自在无拘，心内花开。

“人间有闲地，何必隐林丘。”以日本枯山水取景，包含中国自然意趣，何必远赴边野？自成一方天地。庭院之中，园林环绕，山石相依，洗练青瓦白墙，述天地意趣，落半生时光。

“折得花枝犹在手。香满袖。叶间梅子青如豆。”苏州园林，传统人居，中国自古雅趣的小桥流水、粉墙黛瓦，乃文人栖居的情怀所在。

以“三远”为迹，刻画园林。从虚实、背景、近景、中景层层叠落布局，以含蓄隽永的画中意趣，写照中国文化。用山水画艺纳大千气象于壶中玲珑，显露苏州人文繁盛。与日月为朋，与山水为友，迎接当代中国人的心灵回归。

项目地点： 江苏省南京市
用地面积： 3 600 m^2
施工周期： 5 个月
设 计 师： 丁　炯、李　烨
设计公司： 深圳市赛瑞景观工程设计有限公司

和著

项目概况

项目位于南京市江北新区的葛塘新城，区域内人口密集，居住氛围良好。曾为六朝古都的南京，从来就是壮美与柔丽共生，大行和细谨并存，悠久的历史和旖旎的细节似云锦画卷。设计师将这幅画卷结合瞻园山水布局，铺陈于此，将气概与风韵都化诸笔端，空间的开合、细节的控制、氛围的渲染浑然一体。四时一园，匠心独具，景景皆显金陵城的风雅气韵。

总平面图

1 迎宾入口	6 落英探幽	11 颐波桥	16 云居观日
2 翠影清流	7 枕流桥	12 清风竹影	17 岗山枫径
3 凝辉门	8 沁芳榭	13 别有洞天	18 曲径流芳
4 映月台	9 倚虹桥	14 竹影游灯	19 砾石听禅
5 锦云池	10 清泉石流	15 幽篁折道	20 样板间

一进：凝辉门

中华传统以礼为尊，礼序是传统建筑营造中最重要的篇章。设计从最讲究的“门面”开始，采用王府大门形制和歇山顶，两侧影壁排于门外左右，彰显着东方古典之美。

门庭两侧影壁前设计几座“绿岛”，以黑山石和造型石榴树作为装饰点缀，绿岛为山、跌水为池，山池开朗，展高下之姿，兼屏障之势。置石精心选取山石进行点缀，营造出两侧两座连绵起伏的山脉。影壁上描绘的是明朝画家邹典的《金陵胜景图卷》，此画展示了气势不凡的金陵山川秋色。

二进：锦云园

锦云园是园内景点最多、变化最多、种植植物最多的园区。园内结合瞻园的布景手法，表现出“一卷代山、一勺代水”的艺术效果，达到雄壮、峭拔、幽深、自然的意境。水景结合微地形设计，大量运用婉转的曲线，山水从上往下一层层跌下，形象地塑造出“流水”的空间意境。一股瀑布从叠石之中直泻下来，冲击山石，注入池底，跳珠喷雪，动人心魄。

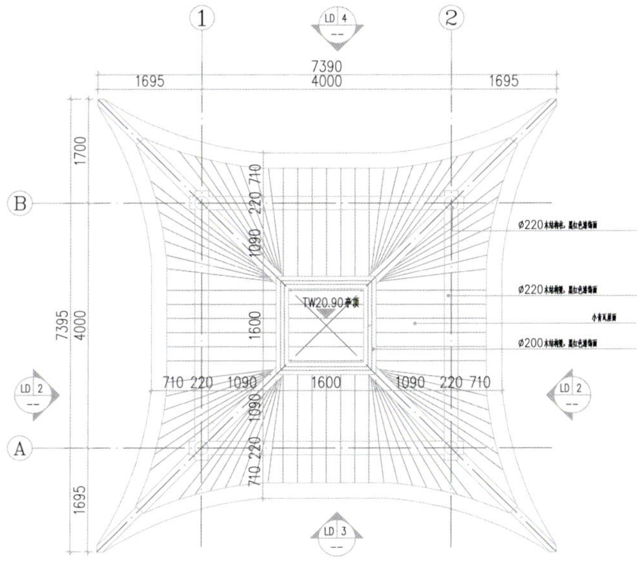

沁芳榭平面图

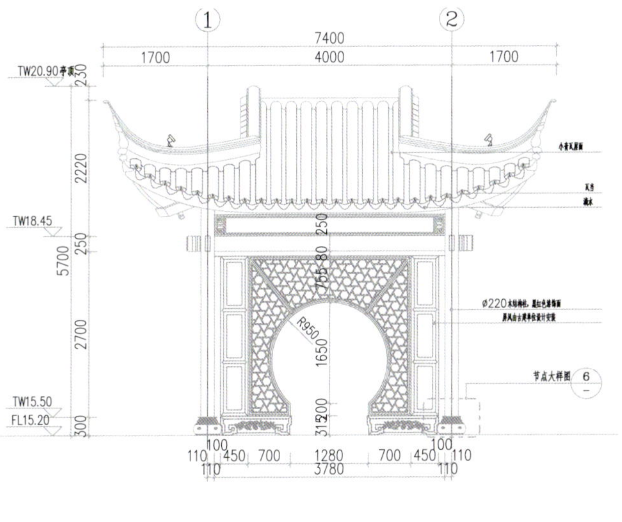

沁芳榭立面图

三进：擢翠游道（侧院）

提灯而行，穿过擢翠游道，想起宋代词人邓肃的《南歌子》：“竹影窥灯暗，泉声语夜长。”竹子秀逸有神韵，是平安的象征，故俗语有“竹报平安”之说，布置在住宅中，据说有“生旺”之效。墙前砾石与绿植之间点缀有太湖石和黑山石，取“石配松而华、松配石而坚”的寓意。平台之上再在两侧各放有一盏颇具中式意蕴的氛围灯，营造一个韵致禅意的庭院。

四进：幽篁居（内院）

一门之隔，两个天地，尽揽四时不同，勾画两幅诗意画卷。从门外望向门内，明月松声远，“萧疏竹影庭深”，经过郁郁葱葱、曲折有致的竹林小径，来到禅意空间。闲寂、优雅、朴素为禅意空间的精神内涵，是造园者创造空灵、简朴意境的艺术原则。顺势而为，取于自然，简洁线条，素雅观感，无不凸显自然闲适的生活方式。

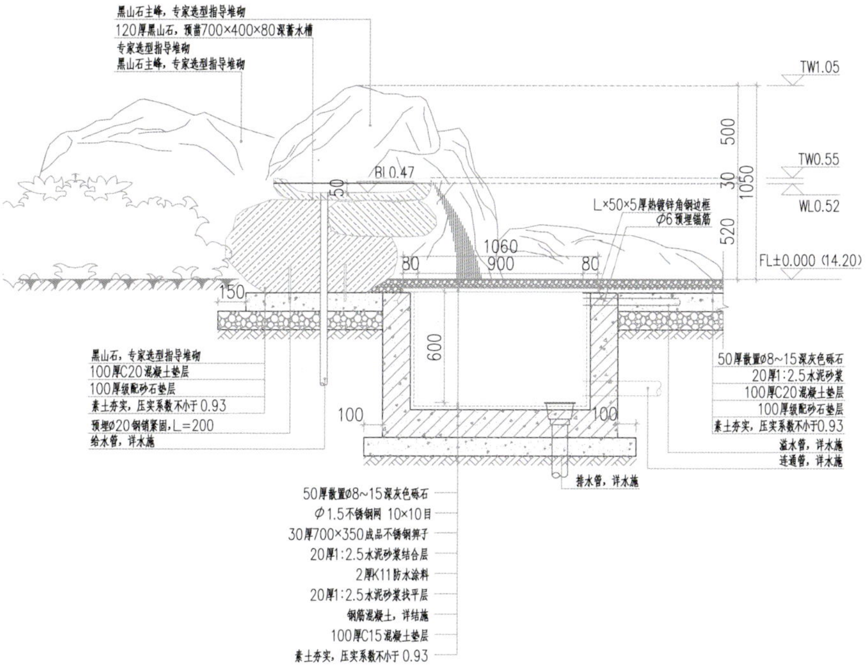

坐石临流剖面图

参编单位

（依案例先后排序）

承迹景观

道合景观

柏影景观

佳联设计

顺景园林

绿茵景园

伍道国际

意棠景观

山水比德

翡世设计

金石景观

赛瑞景观

扫描下载图纸和更多案例

刮开此码，本书恕不退换